STOP
PEOPLE PLEASING
How to Start Saying No,
Set Healthy Boundaries, and Express Yourself

停止
讨好别人

[美]蔡斯·希尔（Chase Hill）◎著 　王琰◎译

中国科学技术出版社
·北 京·

北京市版权局著作权合同登记　图字：01-2022-2011。

图书在版编目（CIP）数据

停止讨好别人 /（美）蔡斯·希尔著；王琰译 . —
北京：中国科学技术出版社，2022.11
　书名原文：Stop People Pleasing: How to Start
Saying No, Set Healthy Boundaries, and Express
Yourself
　ISBN 978-7-5046-9696-0

Ⅰ . ①停… Ⅱ . ①蔡… ②王… Ⅲ . ①人格心理学—
通俗读物②自信心—通俗读物 Ⅳ . ① B848-49

中国版本图书馆 CIP 数据核字（2022）第 152828 号

策划编辑	龙凤鸣
责任编辑	孙倩倩
版式设计	蚂蚁设计
封面设计	仙境设计
责任校对	邓雪梅
责任印制	李晓霖

出　　版	中国科学技术出版社
发　　行	中国科学技术出版社有限公司发行部
地　　址	北京市海淀区中关村南大街 16 号
邮　　编	100081
发行电话	010-62173865
传　　真	010-62173081
网　　址	http://www.cspbooks.com.cn

开　　本	880mm × 1230mm　1/32
字　　数	103 千字
印　　张	6.25
版　　次	2022 年 11 月第 1 版
印　　次	2022 年 11 月第 1 次印刷
印　　刷	北京盛通印刷股份有限公司
书　　号	ISBN 978-7-5046-9696-0/B·108
定　　价	68.00 元

（凡购买本社图书，如有缺页、倒页、脱页者，本社发行部负责调换）

讨好型人格的问题在于，虽然你知道自己在讨好他人，但你却觉得自己无能为力去改变什么。你很明显地感觉到，对方的提议会令你不开心。你想拒绝，但是因为担心对方会失望，或者自己不能给出一个说"不"的理由，便不再说"不"。

即便你不情愿，你还是会改口说"可以"。不幸的是，类似的事情反复地在我身上发生。但我想起了这样一件事。

几年前，我的朋友们决定举办一个聚会，想要做一些不同的事情。一开始，我真的很喜欢这个想法。大家也都很乐意从日常的生活中抽身休息一下。而当我的朋友们提出了活动的具体想法时，我并不赞同，但我却无力表达自己的意见。最后，他们决定去露营和骑马，我的热情也随即开始减退。

虽然我也喜欢户外活动，但我更喜欢登山、远足。我应该表达自己的想法，但我不够自信，所以我答应参加露营和骑马的活动。结果，虽然我在旅途中心烦意乱，但依旧面带微笑地告诉大家，"没关系""我很好""下次我还会参加这样的活动"。

这并不好。当我骑着马奔向与朋友相反的方向时，甚至连马都感觉到了我有多害怕。我不断地告诉自己："至少我的朋友们很开心。"而我的内心深处，萌生了我必须彻底做出改变的想法。

当你出现这种想法时，可能并非在骑马，也并非满嘴蚊子，但我们都经历过这样的情况，某一刻自己意识到必须做出彻底改变了。当你做出改变后，你绝对不会继续对所有人都说"可以"。

讨好型人格表面看似无害。我只想让周围的人开心，成为他们的好朋友。但是这种心理状态会给你自己的生活带来非常不利的影响。从根本上说，不会说"不"会导致我们做许多违背自己意愿的事情，也意味着属于我们自己的时间会很少，我们甚至会忘记了自己真正喜欢做什么。

始终保持平和的状态且让周围的人开心，会让你感觉筋疲力尽，甚至会让你感觉崩溃。处理不同的情况需要不同的策略和不同的技巧。如果你无条件地接受朋友的要求，或者在自己不愿意购物或不想去某家餐厅吃饭时，仍陪朋友一起去，那么你将远离真实的自己。这种状态持续的时间越长，你将越不了解真实的自己，甚至迷失自己。

害怕拒绝他人会阻止你参加一些自己可能会喜欢的事情。比如，你想去参加家庭聚会，但又担心万一遇到自己不喜欢却无法拒绝的情况。渐渐地，你便蜷缩在自己的"保护壳"中，更喜欢独处的生活，因为你认为那样更安全。

讨好型人格也会渗透到你生活的方方面面：你的工作、生活、人际关系等。这种种痛苦的折磨会不断地侵蚀你的动力，耗尽你的能量，让你无法实现自己的目标。

我也曾经历过同样的情况，并且愈演愈烈，甚至快要失控。在生活中，我害怕我的女朋友难过，但她最终还是离开了我，因为她对我无法坚持自己的想法感到非常失望。在工作上，我从事的是金融行业。虽然我在这个行业中有很多晋升的机会，但和那些能够畅所欲言而不用担心后果的人相比，我很难引起他人的注意。

我在20多岁的时候，大部分时间都在讨好他人，因为我渴望成为一个好儿子、好同事和好朋友等。但当我的祖母去世时，我意识到我已没有机会实现她对曾孙的期许了。这是压垮我的情绪和艰难处境的最后一根稻草。

我决心找到逐步改变讨好型人格的方法，我开始研究并学习哪些特别的行为和个性会形成讨好型人格。通过几个简单的步骤，改变自己的生活，以全新的、独特的和积极的眼光看待事物。于是，我发现了新的灵感，这也使我找到了新的目标。我学会了如何变得快乐。

改变我的生活的不仅仅是我的研究。祖母去世后的第二年，我经历了起起落落，也从中学到了很多东西。我很感激我失败的恋情和我在金融行业的工作经验，否则我可能不会坚定态度——不再讨好他人。

本书将向你证明，你无须打消帮助他人的想法，毕竟帮助他人也是一种美好的品质。本书还介绍了如何有限度地帮助他人，这样你就不会因此忽略自己的快乐，也不必过分看重他人的需要，而忽视了自己的需要。

这就是本书要讨论的内容。我们将共同制订一项行动计划，帮助你改变自己的思维模式，学会自我欣赏，学会享受生活。

本书根据改变讨好型人格的逻辑路径，分成不同的章节。我们将学习：如何设定界限，如何克服对他人会失望的恐惧，以及如何果断表达自己的想法和感受而不用担心冒犯他人。你将成为处理人际关系的能手，以及自己事业的主人。

本书将介绍一系列的方法和工具来帮助你改变自己的生活。此外，在本书的结尾处，我还为那些需要指导、需要快速看到显著改善的读者准备了一个14天的行动计划。

但第一步是要准确地了解什么是讨好型人格，它如何植根于你的内心，以及如何成为你性格的一部分。所以，如果你准备开始说"不"，那就坐下来仔细读完这本书。

目录 CONTENTS

第三章 │ 改变讨好他人的心态：5 个有效的小习惯 /039
CHAPTER 3

第一章

讨好型人格的问题

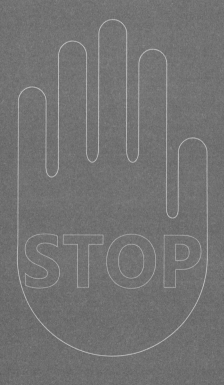

CHAPTER 1

讨好型人格的人非常在意他人对自己的看法。这类人缺乏主见，总是寻求他人的认可。每个人讨好他人的程度大不相同。例如，有些人只会讨好某个特定的人。

众所周知，一些孩子在学校里竭尽所能地讨好老师，却对父母的要求置之不理。虽然这还算不上一种病，也没有迹象表明这些孩子成年之后依然会保持这种行为模式，但这足以说明：人在学生阶段就有想要讨好他人的想法。被朋友喜欢的需要与做自己之间的博弈贯穿了每个人青春期的始终。

任何程度的讨好型人格都会对一个人的生活产生很大影响。这些人可能很难找到属于自己的幸福，可能不知道幸福是什么感觉，又或者因为他们更看重他人的幸福，而忽视了自己的幸福。

讨好型人格的人一生都会面临这个问题。他们一天到晚都在担心自己发表意见会打破和谐的局面。即使被要求发表自己的意见，也只会说出对方想听的答案，而不会表达自己真实的观点，因为他们担心同事、家人、朋友对自己不满，甚至会担心陌生人对自己不满。

此外，讨好型人格的人还有一个问题：害怕说"不"。这会导致他们下意识地给出"肯定"的回应。每个人害怕说"不"的程度也不尽相同，但当说"不"的想法开始让你感到不适时，你便无法过上属于自己的生活。讨好型人格的人可能也尝试过拒绝他人，但对方的失望情绪会让他们产生异常强烈的内疚感，以至于以后都不愿意再拒绝他人。

举个简单的例子：早上穿什么衣服。讨好型人格的人很少会穿一些让自己感到自信和舒适的衣服。相反，他们会选择那些能够得到他人赞赏的衣服。甚至在决定买什么衣服时，他们最重要的考量标准是别人是否会称赞这件衣服，而不是自己喜欢什么衣服。

我们都知道与人为善、考虑他人感受的重要性，所以讨好型人格的人并不认为讨好他人是一个问题。事实上，能够讨好他人的确是有可取之处的，但是当你竭尽所能讨好他人的行为已经影响到自己的情绪时，讨好型人格就会演变成一种有害的疾病。

讨好型人格与损耗效应

对于讨好型人格的人而言，单单是生活琐事就足以使他们筋疲力尽。不论是迁就朋友的饮食（如你想吃意大利菜，而朋友想吃中餐，最后你们选择了中餐），还是因为迁就伴侣到另一个城市生活，以及介于这两种情况之间的种种生活琐事，每一种迫使你说"可以"的情况都在一点一滴地吞噬着你的快乐。

你所有的努力都是为了他人的幸福。你想帮助他人、解决他们的问题。但有些讨好型人格的人并未意识到这样的做法对自己的生活带来的损害。你为别人做的每一件事都会占用自己的部分时间和精力。不过，只要不是过度地讨好，也并非一件坏事。

特别是当周围的人不断地找你处理各种问题，并且总是把你卷入一些你不想参与的事件时，你便会深受其害。

如果你一直都在尽力帮助他人，自己就会感到疲倦，甚至是筋疲力尽。讨好型人格可能会让你感觉沮丧和愤怒，因为你觉得自己背负了太多的责任，却孤立无援。虽然很多人都存在讨好他人的行为，但讨好型人格的人会一刻不停地一直在讨好他人。

但大多数情况下，即便讨好型人格的人已经深感疲倦和愤怒，依然会尽力让他人满意。从这时起，讨好型人格就开始演变成一种有害的行为模式。

为什么讨好型人格是有害的

当讨好型人格的人发现自己的身体出现了不适症状时，会感到异常的压抑。我的经历亦是如此，当时我发觉自己的健康状况变差，问题变得越来越严重。

讨好他人的压力、对所有人都说"可以"，以及关注他人的感受忽略自身感受等的一切都让我陷入了抑郁。我很难找到生活的动力，我开始害怕上班，当我回到家独处时，才会感到宽慰。我也很少和朋友见面，因为我觉得独处时更放松。

由于缺乏运动，我的体重增加了，我的身体也出现了一些酸痛感。此外，严重的失眠使我越发没有精神。

《自然神经科学》（*Nature Neuroscience*）杂志上发表的一项研究结果表明：讨好他人会改变自己的行为方式，也会让你不再那么诚实。因为你会开始说一些善意的谎言，以便在对话中说出对方想听的答案。起初，这些善意的谎言无伤大雅，但逐渐地，你可能会轻易地说出更多的谎言，而有些谎言可能会带来较大的危害。你甚至根本没有意识到自己已经变成了另一个完全不同的人，陷入了自己编织的谎言之网。

讨好型人格也是自我意识差的表现。我们非常渴望做一些事情，想要获得一种价值感，所以我们总是答应他人做一些自己不想做的事情，这样就会在自己想要讨好的人面前树立积极的形象。

讨好型人格可能会让爱我们的人筋疲力尽

我在读大学时，有一个朋友瑞安（Ryan）是一个十足的讨好型人格的人。

我们上大学的那四年，瑞安经常来我家吃饭。第一次来我家吃晚饭时，我妈妈准备了意大利面配番茄酱。当我妈妈问他今天的晚餐是否合他的胃口时，他回答说非常好吃，并且吃完了一整碗。我的妈妈做饭一向不太好吃，所以每次瑞安来我家吃饭时，他的这句赞美足以让我的妈妈非常开心。

在我们快要毕业时，有天晚上我和他去一家餐厅吃饭。点菜时，他告诉服务员他不喜欢吃西红柿。他看到我惊讶的表情后，他的脸色变得几乎和他此前在我家吃饭时的番茄酱汁一样红。原来，因为他不想让我妈妈失望，他强迫自己吃下了那些番茄酱。吃了几顿晚餐后，他就再也无法坦白自己不喜欢吃西红柿了。

爱我们的人难以接受我们的讨好型人格，因为他们能够察觉到我们的痛苦。看着我们因为不能优先考虑自己的情绪而遭受痛苦，他们也会非常痛苦，筋疲力尽，有时甚至会因此离我们而去。

这当然不是让你对自己过去的所作所为感到内疚。但当你学会开始说"不"时，便可以畅想自己心爱的人会因此感到释然，因为你即将按照自己希望的方式生活。

造成讨好型人格的根本原因

我曾反思过一个很重要的问题：我们为什么会有讨好他人的需求，以及为何无法说"不"？你也应该反思一下这个问题。讨好型人格不会像感冒等疾病那样突然发生。我一直觉得自己是个友善的人，但什么时候这种讨好型人格达到了失控的地步？

为了能够解决这个问题，我需要找到造成讨好型人格的根本原因，从而了解自己为什么会变成现在这样。

如果你看过心理医生，你会发现很多心理医生会试图了解你的童年并审视你与父母的关系。弗洛伊德认为，人们的心理健康问题源于童年时期经历的无意识的情绪问题。

但这种观点往往会让人"怪罪"父母，认为成年生活中遇到的所有问题都是由父母的错误造成的。

但从长远来看，没有完美的亲子关系。有的父母溺爱过度，令人窒息；也有的父母过于严厉；还有一些父母与孩子没有清晰的界限。有的父母不常陪在孩子身边，没有给予孩子足够的爱。而有些父母又过于自恋，认为自己的需求比孩子的需求更重要。

练就正确的育儿技巧也并非易事。并且父母都是普通人，他们也有自己需要尝试和解决的问题。

当我回顾童年时，我发现没有什么特别令我印象深刻的事情。我的父母彼此恩爱，他们也爱我且尊重我，一切看起来都很正常。但这恰恰是问题所在——我的潜意识认可了父母的行为，也表现出了讨好他人的行为模式。

在我们深入探究形成讨好型人格的根本原因的过程中，我不希望你对我的观点或你对父母的看法耿耿于怀。我们的目的不是指责任何人，而且即便父母有可能是你形成讨好型人格的根本原因，也并不代表他们有意为之。

亲子关系如何影响孩子讨好他人的需求

童年时期的人际关系在某种程度上与成年后的讨好型人格之间有一定的关系。讨好型的行为模式主要是由于父母和子女之间缺乏同频意识。同频意识是人与人建立关系的基础之一，我们需要自我调整从而确保人际关系的和谐。

当父母不在身边时，孩子就会错失与父母建立更深层次联系的机会，孩子就没有机会探索和表达自己的情感。父母因为异地工作或长时间工作而不能陪在孩子身边，或者过分沉溺于自己的生活，都会导致孩子情感的缺失。

再次声明，这不一定是父母的过错。一方面，父亲或母亲需要努力工作才能获得收入，才能为家人的生活提供物质基础。另一方面，父母可能本身正在与某些精神疾病做斗争，这就导致父母无法顾及孩子的感受，甚至误解孩子的感受，因为他们被自己的情绪耗费了大量的精力。

这就导致孩子在一定程度上扮演了照顾者的角色。虽然孩子仍然能够感受到与父母的联系，但他们从很小的时候便开始为他人着想。

另一种可能会导致孩子形成讨好型人格的教育方式是父母一方或双方情绪不稳定。父母喜怒无常,比如上一秒还充满爱意,下一秒则变得愤怒或咄咄逼人。在这样的环境中长大的孩子,可能会认为喜怒无常是正常的,也不会怀疑自己的童年过得不幸福。作为成年人,我们回首过去时,想到的大多都是美好的回忆,或是因为我们已经遗忘了不好的回忆,或是因为我们认为这是正常的。请记住,身体虐待不在我们现在讨论的范围内。

当父母情绪不稳定时,年幼的孩子很早便能学会如何观察父母的情绪,继而调整自己的行为以适应父母的需要。他们不遗余力地保持内心的平静,并努力让父母因自己感到自豪。这类孩子表现出的良好品行并不是因为这么做是对的,而是他们想让他人开心。

学习了心理学后,我常常可以较快地发现理论背后的逻辑。但是,我觉得这并不适用于我的情况。的确,我和我的父母会争吵,我们之间的关系时好时坏,但这都十分正常。如果你觉得你的童年也是如此,那么除了情感缺失,还有另一种可能。

我发现自己形成了讨好型人格，是因为我极度害怕让别人失望。我的妈妈在家中扮演的是照顾他人的角色。她让我明白被人照顾是什么感觉。她的性格中可能也或多或少有些讨好型人格的成分。我的父亲很坚强，他自己做生意，有自己的原则和坚定的职业道德。我很尊敬我的父母。

在成长过程中，我们与父母的关系往往经历如下几个阶段。刚出生时，我们爱父母，也依赖他们。青少年阶段，我们开始反抗父母，开始测试这种爱的限度。成年后，我们认识到父母并不完美。而后，原谅父母的错误成了我们成长过程中的必修课。我在十六七岁的时候，开始真正意识到自己是多么的幸运。我尊重家人之间的相处模式。父母为我付出了这么多，我下定决心不让他们失望。

我大学毕业时的成绩大大超出了我和父母的预期，他们十分高兴。看到他们自豪地和朋友们谈论我，我觉得这种感觉很棒，我想持续体验这种感觉。

当我找到第一份工作时，又一次看到我的父母欣喜若狂。从那时起，我更认为自己不能做错任何事情，不能把这一切搞砸，因为我不想让他们失望。讨好型人格这根链条把我束缚得更紧了。我不能让我的领导失望，因为我无法承担失去工作的风险。我不能表达自己的真实想法，因为我的领导可能会不认同。这样的情况也开始蔓延到我生活中的其他方面。我必须找一个我父母喜欢的女朋友。我不能长期外出旅行，因为我怕我的父母担心。

虽然我的童年不算悲惨，但我的性格依旧倾向于讨好他人，我不想让别人失望。最初，我只是单纯地想令父母高兴，却逐渐演变成了我生活中的羁绊。

所以，你要花一些时间去探究导致自己形成讨好型人格的根本原因，并非要指责谁或让谁来承担责任，而是为了更好地观察自己的内心世界。将其视为自己改变讨好型人格前的准备工作。

此外，你还要做一个自我意识测试。通过询问自己一些简单的问题，判断自己友善和关心他人的行为是否已经让自己发展成为讨好型人格的人。

意识测试：了解自己讨好型人格的程度

讨好型人格的迹象不止无法拒绝他人。通过与心理学家和临床社会工作者合作，我列出了一份包含了十种其他迹象的清单。具体如下。

1. 你是否经常道歉？

你经常道歉可能是因为你总觉得自己是错的，或者你觉得别人都会将错误归咎于你。为自己的行为负责是一种高尚的行为，但你在自己需要承担责任时道歉即可。

2. 你是否觉得自己要对他人的情绪负责？

你会觉得别人的悲喜都取决于你。请记住，你的确有能力让他人高兴或难过，但他们也可以选择控制自己的情绪。

3. 你是否不论自己有什么看法，都会同意别人的意见？

有时，在社交场合中，为了避免引发激烈争论，最好的处理方式就是同意他人的观点。话虽如此，但如果你为了被人喜欢而同意别人的观点，你就改变了一部分真实的自己。

4. 当有人对你表现出愤怒时，你是否会感到不安？

单是觉得有人会因为你做的某件事而生气这种想法，足以改变你的一部分真实的自我。即使自己没有做错任何事情，讨好型人格的人也会认为这是一种令人心烦的经历。

5. 你是否因为压力而去做你不想做的事情？

我之前已经谈到过这个问题，你不想做的事情可能是一些无关紧要的事，比如去哪里购物；也可能是一些重要的事情，比如选择自己新的住所。当你答应他人做自己不想做的事情时，实际上是在把对自己生活的控制权交给了他人。

6. 你是否发现自己在模仿他人的行为？

人们能够调整自己的行为去适应各种社交场合。当你为了融入周围的人而冒了一些不必要的风险时，你已经形成了讨好型人格。

7. 你会尽力避免争论吗？

有些人似乎能从冲突和激烈的讨论中得到成长。而讨好型人格的人则会尽力避免争论，因为他们自己发现无法坚持自己的观点。他们的争论从一开始就呈现一边倒的局面。

8. 你的开心是否取决于他人的客气话和溢美之词？

每个人都喜欢被赞美，并且在某种程度上，人都需要时不时地被赞美。讨好型人格的人很难感受到任何形式的自我价值。他们只有在受到赞美时，才会坚信他人对自己的积极评价。讨好型人格的人认为赞美他人是十分必要的。

9. 你会掩饰自己受伤的感觉吗？

有时候，当有人说："对不起，我冒犯到了你吗？"你可能会一笑而过，说："没有。"但其实即便是一条不起眼的评论或一个微不足道的动作都会让你深感不安。

当你无法让别人知道什么事情会使你难堪、不耐烦或愤怒时，你会发现你所有的人际关系都不是真诚的关系。

10. 你是否很难找到空闲的时间？

什么情况下，讨好型人格会严重影响你自己的生活？一个明显的迹象是你发现你找不到任何属于自己的时间。需要对每个人说"可以"意味着你的每天、每周甚至每个月都在忙于满足他人的需求。

你对以上十个问题的认同程度决定了你的"讨好型人格"的程度。有些人可能认同其中的一些问题；有些人可能会对这十个问题的肯定答案产生强烈的共鸣，他们觉得这些问题是专门为他们设计的。

注意不要在网上做太多的自我意识测试。有些问题关注的是他人对你的看法，而不是你对自己的看法。

我们的重点是确定你对自己的看法，因为我们已经花了足够多的时间来关注他人对自己的看法。

为什么克服讨好型人格如此重要

在他人看来，那些深陷讨好型性格的人可能只是太忙了、有点累了、性格中庸，或者从来都不是一个会招惹是非的人。但对于讨好型人格的人自己来说，他们不仅感到劳累，而且身心俱疲。他们隐藏了大部分真实的自己，以确保自己被他人接受。他们也因此感觉自己就像一个躯壳，甚至一条变色龙，为了让别人开心，不断地在自己塑造的个性之间来回切换。

在生活中，没有人认为自己必须保持安静或成为意见从来不被听到的人。没有人觉得自己必须隐藏自己的情绪或者表现得小心翼翼。如果你感觉自己像一个弹球一样一直在机器上被弹个不停，那么你是时候要开始做出改变了。

如果你正在阅读本书，你可能已经意识到了自己也有讨好型人格的问题。希望你现在能够意识到问题的严重性，以便我们开始制订解决方案。既然我们已经意识到了这个问题的存在，现在是时候剖析自己，认识真实的自我。若想克服讨好型人格，则需要审视内心真实的自己。如果你不记得自己喜欢什么、讨厌什么，则需要弄清楚这些问题的答案。当我们能够认清我们的需求和爱好时，就可以为日后重大的、积极的改变奠定基础。

我是谁？一场惊险刺激的自我发现之旅

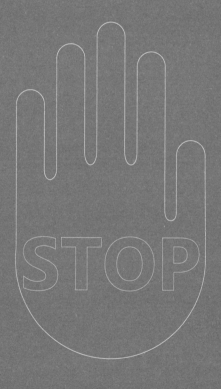

CHAPTER 2

令人惊讶的是，你需要坦诚地接纳自己是一个讨好型人格的人。当我做到这一点时，我便明白，如果我想要改变自己的生活，我就必须了解我是谁。但这个"我"一定不是表面上的"我"，而是内心深处的"我"。打个比方，要对自己有个大致的了解。我们在善待他人的过程中迷失了自我，不知道如何开始做对自己有益的事情。

在发现自我的旅程中，如何一开始便思考"我是谁"的问题，我给出的答案可能会有所保留。甚至我对自己的描述听起来会很无聊，比如：我是一个20多岁的男士，从事金融工作，单身，独居。我可能也会说我喜欢看电视、喜欢散步，但这些都无法真正地定义"我是谁"。

我需要突破表面的"我"，直击本质的"我"，这才是有意义的东西。但这本身就是一个挑战，你也能想象到其中的原因，因为我不太擅长表达自己的感受。并且在过去的几个月里，我甚至不知道自己是如何看待自己的，现在也依然无法定义自我。

警惕防御机制

防御机制是弗洛伊德提出的另一个概念，这个概念如今依然意义重大。防御机制指的是人们会无意识地采取某些措施保护自己免受紧张和焦虑的想法及情绪的影响。对我们来说，这就是我们为自己的行为辩护的方式，并告诉自己讨好型人格也没什么不妥，我们只是将他人放在了首位。

防御机制主要有八种形式，但本书只讨论与讨好型人格相关的防御机制形式。

- 否认：我们拒绝承认导致我们感到焦虑的行为或情绪。

- 潜抑[①]：我们封闭自己的经历，避免它们进入自己的意识。

- 合理化：我们合理化自己的行为方式以及做某些事情的原因。当我们告诉自己别人比自己更需要升职时，便是很明显的体现。

- 反向作用：我们总是做与我们的真实感受相反的事情，

---

① 潜抑是指个体把意识中对立的或不能接受的冲动、欲望、想法、情感或痛苦经历等，不知不觉地压制到潜意识中去，以至于当事人不能察觉或回忆，以避免痛苦。——译者注

总是说与我们真实想法相反的话。当我们想说"不"的时候，却说了"可以"。

> "防御机制让我们陷入一种不快乐的心境。只有真相和勇气才能帮助我们卸下自己的防御机制，一旦我们做到了，就会发现世间有如此多自由和美好的事情。"
>
> ——心理学家　多萝西·罗伊（Dorothy Rowe）

为了真正地了解自己，必须警惕这些防御机制，避免自己受到它们的影响。既然你已经意识到它们的存在，便可以找到一些方式应对自己的防御机制。比如，你可以试着把自己的情绪和导致情绪的境况分开，花一些时间处理自己的情绪，真正感受自己的情绪，了解这些防御机制是如何让你陷入当前的境遇中停滞不前的。

开始自我发现之旅

你可以先玩一个小游戏。就你的情感和身体特征而言，写出对自己的定义。一开始，你会发现你只会专注于自认为的负面特征，例如，"我的眼睛太小了""我脸色苍白""我不喜欢尝试新食物"等。如果是这样，你必须马上停止这个小游戏。把纸撕碎，重新再来。

对于那些只能发现自认为的负面特征的人，在新的自我发现的实验中，需要制定更严格的规则。每当你写出一项自认为的负面评价，都要写出一个与之相关的积极的描述。因此，游戏就变成了："虽然我的眼睛很小，但我的眼睛美丽动人"，或者"我虽然面色些许苍白，但是……"。

当你开始认识真实的自己时，你或许会感到不知所措。你的情绪就像坐上了过山车，一会儿感觉很棒，一会儿又感觉很糟糕。但你完成这样的任务，既不能带有任何压力，也不能草草了事。开始时，你可能经常说"嗯""好吧"和"也许"。此时，你要小心，或许你的防御机制已经开始发挥作用了。当你一个小时都在专心回答这些深奥的问题后，你便能进入状态了。

做这样的实验就好比打开了潘多拉魔盒，不仅能给你带来许多惊喜，也能给你带来任何课程都无法比拟的学习体验。虽然你很可能会再次经历相似的事情，但不管怎样，这都将是一次了不起的经历。然而，你也要当心，不要像许多人一样，再次陷入只看到自认为的负面特征的陷阱中。

你的清单列得越长，你就会越了解自己和自己的生活中的美好事物。但不幸的是，讨好型人格的人更愿意将注意力集中在负面情绪中。当负面情绪来袭时，人的内心常常会产生一种紧迫感，强迫自己立即解决所有问题。

你会发现在你所列的清单的最后，会有一些你可能会称之为"治愈我的清单"的事项。你会认为如果想要改变自己的生活，这些是你必须要改变的东西。当你开始对自己的缺点抱有同样的感觉时，你最终会列出你想要改变或想要去做的事情，但你可能又觉得短期内完成这些事情并不切实际。

如果第二天你没有完成清单上的某件事，你就可能会陷入消极和失望的循环中。在认识自己的道路上，你要明白，单独列出自己想要改进的事情能够较好地缓解立刻解决所有问题的压力。你很快就能找到解决问题的方法，但很难一蹴而就。

最后，你将总结出三份清单。一份是你喜欢的方面，一份是你心态上需要改变的方面，还有一份是需要更多的时间去探索的新事物。

接下来，我列举了我自己的初始清单上的一些内容供你参考。但请记住，你必须列出自己的个性化清单。希望你从我的经历中受到启发，以此为参考，认识真正的自己。

清单1：我喜欢自己的哪些特征？

列举那些自己可以借此在社交场合中获得信心的身体特征。例如，我不是超模，但我也不丑。能够意识到这点的人，不会过于在意自己的外表。

我发现当我和朋友外出时或者与同事相处时，我需要专注于这份清单。信心是认识自我的重要品质，对你而言亦是如此。因此，你要确保自己的清单中列举了许多能够让自己感到自豪的特征。

清单2：哪些方面我可以短时间内做出改变？

当我反思自己的心态时，我发现我的很多问题都可以归结为缺乏自信。我在群体中感到胆怯，因为我不相信自己提出的观点是有价值的。

我认为，我对这个世界的认识较为深刻，我的知识和经验丰富，我可以提出较为成熟的观点。但由于缺乏自信，我不敢表达自己的观点，我担心其他人不认同我的观点。

清单3：哪些方面我需要花费更多的时间才能做出改变？

我发现，如果在某些事情上给自己施加太大的压力，结果可能会适得其反。如果想在一个月内减掉很多体重，很可能会失败。我已经意识到了我有多想减肥，这点就值得我开心，但要想减肥成功，还需要制订一个长期的计划。

同理，我开腻了现在这台车。我觉得这台车不匹配我作为金融行业从业者的身份。你可能无法相信，为了不让同行们因为我的车而看扁我，我经常把车停在路边，而不停在员工停车场。当你能够摆脱讨好型人格的困境，你会清楚地认识到，其实开任何车都与你的工作能力毫无关联。尽管如此，我依然想要买一辆新车，所以我还是将其列在我的第三个清单上。

我最重要的发现是我是一个善良的人。我尽力释放善意。我想看到其他人开心，因为这也能令我开心。我用自己仅剩的50美元为妈妈买一个新的搅拌机，当她说她要给我做东西吃时眼神放光，这足以让我觉得我让她的生活变得好了一点。

但我又觉得，如果我把那50美元花在妈妈身上，而没有给我的车更换两个新轮胎，我就是在伤害我自己，也会让我的妈妈担心。因为，我可能因此而触犯法律，甚至可能会引发交通事故。我的爸爸特别强调轮胎的问题，不换轮胎也会让我妈妈担心。所以，让我妈妈开心的行为（买新的搅拌机）可能会对我和我家人的幸福产生其他影响。

全面了解自己

全面了解自己需要跳出既有的印象，从整体上全面地认识自己。你的自我发现之旅始于仔细观察你喜欢和不喜欢自己的哪些情感和身体的特征。继而你要努力找到自己的目标，从而明确自我发现之旅的方向。现在，我们需要更多地了解自己热爱的东西，分析自己的人际关系，并找到情绪出现时处理情绪的最佳方法。

这是一个非常深刻的问题，你很难在一两个小时内弄清楚这些问题的答案。我注意到，在完成第一阶段自我发现之旅后，我的脑海中浮现出了越来越多不同的场景。

某天下午，我一边散步一边欣赏着郁郁葱葱的草地和周围的美景。但当你打开手机，看到一些负面新闻时，就很容易忽视身边那些简单但令人开心的事物。散步的过程中，我发现我对地球以及人类如何保护地球非常感兴趣。但我又觉得持续不断的鸟叫声竟然让我十分恼火。我转念一想，如果和我一起散步的人碰巧喜欢这种声音，或许我就也会认为鸟叫声十分动听吧。

倘若你正在阅读本书，或许你已意识到自己需要做出改变，并且这种改变不会花费很长时间。话虽如此，但自我发现之旅不能急于求成。如果你只是匆忙地完成这个过程，即使得到了自己想要的答案，可能也并未真正地认识自己。

一旦你了解了真实的自己，便可以做更多的练习，从而对自己有一个更清晰、更全面的认识。

明确自己擅长什么，不擅长什么

讨好型人格的人会发现自己因为不想打乱别人的计划，经常做一些自己不擅长的事情。我很担心周日早上的足球友谊赛，甚至有人提议"看比赛"都会令我担心。很多人认为男人都喜欢足球，但实际上我觉得足球比赛非常无聊。随波逐流的代价是我们无法花这些时间做一些自己真正喜欢做的事情，比如滑雪。

- 回首过去，回想一些自己年轻时经常做的事情。
- 你过去感觉最开心的时候是做什么？
- 反思自己的软实力，即你的个人特征：你是一个很好的倾听者吗？你有幽默感吗？你能很好地集中注意力吗？
- 反思自己的硬实力，即那些自身积累到的技能：你会跳舞吗？你会弹奏乐器吗？你擅长使用某软件吗？

- 尝试新事物，哪怕每周只尝试一次。即便你无法立即喜欢你所尝试的新事物，也不要放弃。

也许你早已想要开始尝试某些爱好，但结果发现自己并不擅长。也许你受到某个电视节目的启发，去做一些你从未想过要做的事情，却意外发现自己很擅长这些事情。

如果你能够摆脱你的家人、朋友和同事鼓励你去做的事情，你就能够清楚地了解自己擅长什么。

明确自己热爱的事情

你所热爱的事情可能与你擅长的事情密切相关，但也并非一定如此。看看那些让你兴奋和激励你的事情，这些事情能够使你的生活变得快乐并富有成效。请记住，乐于助人是解决问题的一种方式。如果在流动厨房帮忙能够让你开心，那么你可以视其为一件你所热爱的事情。但是，当热爱成为一种责任时，只会助长你的讨好型人格。

对工作的热爱至关重要。我丝毫不想从事金融行业，但我知道我的父亲认为这是一项巨大的成绩，但这并不是让我兴奋的事情。我所做的最大改变之一就是转变了自己事业的轨道。人生导师[1]这一职业点燃了我内心的热爱，敦促我成为一个更好的人。就像流动厨房的例子一样，我现在的职业也能够帮助他人，但是我用自己的方式帮助他人，不会让我感到必须要帮助别人的压力。

从亲近的人那里获得一些反馈

这对讨好型人格的人来说非常困难，因为这需要能够敞开心扉。询问他人对自己的看法会把他人的注意力集中在自己身上，但对这些人而言并非易事。有时候，你很难听到反馈，或者只能听到积极的反馈，然而你也不知道能否相信这些反馈。

当然，这种方法能够有效地加深对自己的认识，亲近的人可能对你未曾思考过的事情抱有深刻的见解。但你万万不可过度分析他们给出的反馈，只需借鉴它们，以从不同的角度更加了解自己。通常情况下，亲近的人对你的认识比你眼中的自己更加积极乐观。

---

[1] 人生导师是美国的职业之一。——编者注

反思自己的人际关系

你需要明白，你身边的人是会帮助你解决问题还是会给你制造更多麻烦。从根本上说，是由于你自己无法说"不"导致了自己的生活出现了种种问题。但不幸的是，你的生活中可能会有人利用这一点，还觉得这就是你个性的一部分。

当我们为了讨好他人调整自己的行为时，其实是在一步步迷失真正的自己。当我们可以远离这些人，与他们保持距离，或者至少明白他们是在（有意识或无意识地）操控我们时，才能更好地认识真实的自己。

学会处理自己的情绪

在你的自我发现之旅开始之前，最明智的做法是先学习一些处理自己情绪的方法。在自我发现之旅的初始阶段，你不仅要学习了解当下的自己，还要不断地练习。

当某些情绪出现时，我们也要采取这样的做法。当讨好型人格的人处于某种困境时，他们会忽视自己的情绪，先去处理他人的情绪。有些人则会把这些情绪埋在心里，但这些情绪会在一天后、一周后，或是很久之后的某个时刻突然涌现，比它们刚开始出现时更加猛烈。

在自我发现之旅中，我们必须要学会如何在这些情绪出现时处理它们，而不是在日后承受其带来的后果。我发现，只有找到释放情绪的方法才能排解积聚的情绪。

我喜欢与我的读者探讨寻找情绪发泄口的四种重要的方法。接下来，我们将重点分析如何使用每种方法。

找到释放情绪的生理出口

通常，进行某种形式的体育锻炼后，你会感觉情绪舒缓了很多，也可能感到压力减轻、注意力提高、睡眠改善等。

当年，我是任天堂推出的家用电视游戏机Wii的忠实粉丝。我知道你可能想笑，但请听我说完。健身需要消耗精力、时间和金钱。通常，花十几分钟，借助任天堂平台做一些体育锻炼足以让自己变得心情愉悦。任天堂上囊括了拳击、瑜伽等一系列运动游戏，也有一些让你动起来的游戏。虽然我一生中从未真正在马路上玩过滑板，但是当我在这个家用电视游戏中玩滑板时，我找到了一个新的爱好。

甚至连打扫卫生也是一个释放压力的好方法。彻底地擦洗厨房的瓷砖能够释放一点被压抑的敌对情绪。当你看到干净的厨房时，也会感到开心。

散步、捏压力球等也可以被视为生理出口。你也可以发挥自己的创造力，用米饭和气球自己制作压力球。

另外，不要怕哭。播放那些能让你感受自己的情绪，能让自己哭出来的歌曲。把每一滴眼泪都想象成是一部分被自己释放的情绪。

找到释放情绪的其他方法

坚持写日记是一个了不起的习惯，它不仅可以让你表达自己的情绪，也不必担心会影响其他人的感受。时间长了，你也可以借此反思自己的情绪，了解触发此类情绪的原因，观察是否存在某种规律。

另一种新方法是制作剪贴簿。我发现剪贴簿能够帮助我专注于正在发生的一些更积极的事情。剪贴簿帮我记录了自己的进步过程，让我了解自己取得的一些成绩、我去过的地方以及我尝试过的新事物。

还有绘画、素描、涂色等也是释放情绪的一种活动。虽然你可能觉得这只是在分散你的注意力，但实际上你的潜意识在处理情绪。

有些人认为演奏乐器也是一种很有效的发泄方式。

注意放松身心

深呼吸在增加体内含氧量方面与运动具有异曲同工的效果。此外，深呼吸也能让你的注意力从生活的压力中解脱出来，让你能够专注于自己的事情。

你需要稍加练习便可学会冥想和正念，但科学已经证明了它们对于舒缓压力的益处。特别是对于讨好型人格的人来说，冥想和正念可以帮助它们增强自我意识、控制焦虑并减轻压力。

善待自己

独自做自己想做的事情似乎总能减轻自己的压力，如洗澡。为上班做好准备而洗澡是一回事，而一边听音乐、刮胡子，一边洗热水澡又是另一回事。无论男女，都可以好好洗个热水澡。洗个没有时间压力的热水澡，就像把你的情绪浸泡在水里一样。

当情绪强烈到无法处理的程度时会发生什么

在过去和将来的某个时刻，你都有可能会感觉自己的情绪强烈到无法处理的程度。无论你是感到悲伤、愤怒、沮丧还是紧张，你都感觉到自己无法走出这样的情绪，因为你第一次感受到这样的情绪，抑或情绪太过强烈。在这种情况下，你需要集中注意力采取一些能够立即加深对情绪认识的行动。

你应该去让自己感觉安全的地方。有时候，让你感觉安全的地方可能曾有一些让你充满喜悦的体验或回忆，能够帮助你消减痛苦情绪。也可能是某个物理位置，比如你的卧室、阳台或当地的公园等。再辅以深呼吸，你一定会在短时间内感受到效果。如果这样的方法对你没有效果，以下的几种方法或许能够帮助你缓解情绪：

- 看电视剧。有些人会选择看电影，这也是一个不错的方法。但一集电视剧相对较短，能够更快地抓住你的注意力。

- 借助社交媒体。许多社交媒体平台都有有趣的视频，可以转移你的注意力。

- 做一些自己喜欢的事情。停止任何让你情绪激烈的事情，转而做一些自己喜欢的事情。

- 玩游戏。有很多应用程序都有一些益智游戏、逻辑游戏或测试协调能力的游戏。玩游戏不一定会占用你很多时间，但能够帮助你分散注意力。

如果你在真正地了解自己之前就开始对别人说"不"，很可能会弄巧成拙。你可能知道自己想要做出改变，并且已经制订了计划开始行动，但是你还没有准备好一路上帮助自己的所有的必备工具。

问问自己"我是谁"，按照步骤更深刻地认识自己才能为改变自身的行为奠定扎实的基础。这样一来，你便可以专注于那些能改善自己生活的事情。

第三章

改变讨好他人的心态：

5 个有效的小习惯

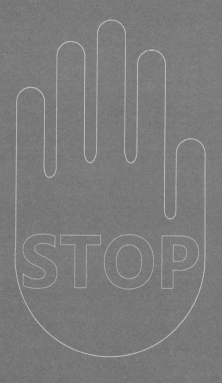

人们似乎每时每刻都在反思自己的处境。我们已经找到了导致自己讨好型人格的根本原因，也花了一些时间认识自己，明确了实现哪些目标自己才能快乐，但依然还有很长的路要走。在一定程度上，事实的确如此。我们现在谈论的都是在一年之内会发生的改变，任何人都不可能一夜之间奇迹般地学会说"不"，因为你需要时间来了解自己、建立自信，才能学会用正确的方式说"不"。

在我开始改变自己生活的早期阶段，我发现对我帮助很大的是培养自己的5个小习惯，几乎让我看到了立竿见影的效果。培养这5个小习惯是我力所能及的，所以我并没有觉得这是在短时间内提出了过高的要求。

在我看来，我知道我必须先做出这些微小的改变，才能迎来我想要看到的更大的变化。我的很多客户养成这5个小习惯后，都觉得动力十足，继而看到了积极的效果，这也激励他们继续做出改变。接下来，我们仔细地分析这5个小习惯。

意识到讨好型人格的危害

随着时间的推移，讨好型人格逐渐根植于一些人的性格中，以至于他们很难发现自己已经形成了讨好型人格。

多数人很难意识到自己有讨好型人格的成分，主要原因在于你身边的人因为你的讨好型人格而从中受益。你让他们的生活变得更好、更轻松、更快乐，所以即使他们的潜意识里知道这对你来说是不好的，也很少会指出你的讨好型行为。

因此，你需要知道自己在哪些情况下会做出讨好他人的行为。我们已经讨论了讨好型人格的关键特征，接下来我们将仔细研究如何才能意识到自己将要违心地说"可以"。

反思自己的感受——当有人提出建议的那一刻，你会产生一种瞬间的情绪，比如紧张、悲伤、担心、恐惧、愤怒等。你无法略过自己的情绪，只能实事求是地直面它。

问问自己"想要什么"——你不能只是给出一个是或否的答案。也许你确实想按照对方的建议去做，也许你不想。或者对方的建议中也有中肯的部分，但你更愿意用不同的方式去做这件事。

问问自己"需要什么"——显而易见的答案是你的需要是

讨好他人，但如果你绕过这个答案，你可能会意识到你需要去健身房锻炼一个小时，或者你需要好好地泡个澡。

问问自己"害怕什么"——我们需要说"可以"的很大一部分原因是我们害怕说"不"带来的后果。也许你害怕一旦你说"可以"，你会发现自己处于另一种被迫再次说"可以"的处境。

说"不"并不会让你成为一个坏人。如今，我依然要对很多事情说"可以"，但在我说"可以"之前，我需要花一点时间反思当下的情况，明确我说"可以"是因为别人希望我说"可以"，还是因为我发自内心想说"可以"。这个想法不是要你变成一个从不帮助他人或自私地满足自己需求的人。只是让你找到其中的平衡点。

虽然你可能不能马上说"不"，但当你了解什么是讨好他人的情境时，你会更容易学会该如何应对。如果你反思自己的感受，问问自己"想要什么""需要什么""害怕什么"，你就会更加清楚自己是否想做某件事，以及这个决定背后的原因。

学会感恩

当讨好型人格的人得到他人的赞美时，他们会措手不及，他们的防御机制（如"否认"）随即开始发挥作用。所以，他们几乎不会只是单纯地说"谢谢"。

通常，我们会试图证明对方的赞美是合理的。比如：当有人赞美你的衣服很漂亮时，你回答说自己对时尚一无所知，是你的姐姐帮忙选的这套衣服；或者你会说这件衣服是别人送的礼物。当有人告诉你，你做的晚餐很美味时，你回答说是今晚比较幸运，或者你发现了一个超级简单的食谱。

虽然这些情况看似没有太大的破坏性，但你仔细想想：当你的妻子或丈夫评价你把家里装修得很漂亮时，你会攻击他们，因为你认为他们是在居高临下地评价着你所做的一切。你不仅会伤害了他们的感情，还可能为此引发争吵。更糟糕的是，他们以后可能不想再说赞美你的话了。

我想打破说"谢谢"的习惯，然后用其他的解释让对话继续下去；因此，我觉得有必要重新训练一下自己的思维模式。所以，我禁止自己说"谢谢"，因为这会迫使我继续说话。相反，我学会了如何用其他的方式来回复他人的赞美：

- 我真的很看重你的意见。
- 我真的很感激你所做的/所说的。
- 您的溢美之词让我开心。

- 感激不尽。

- 我欠你一个人情。

- 谢谢。

如今，当有人对我说："我喜欢你的发型。"我会回答："谢谢，非常感谢。"过去，我会把这归功于我的女朋友。而现在养成的这种习惯能够帮助你接受他人积极的关注，而不是将注意力转移到其他人身上。

爱自己

如果你对生活不满意，则意味着你对自己不满意，因此，你也很难爱自己。这是因为你必须先考虑他人才会考虑自己，或者因为你缺乏自信，所以只会关注自己的错误和对自己不满意的方面。

如果你能在生活中养成一些爱自己的健康习惯，照顾好自己，就会发现自己的生活开始变得更加积极。当你能够爱自己时，你甚至可能会发现你的人际关系也开始有所改善，因为你的自我价值开始得到提升。下面，我们来探讨一些更简单的爱自己的方法。

写日记

写日记是释放情绪和摆脱消极困境的绝佳方式之一。写日记不仅能帮助你应对消极情绪，还能帮你将注意力集中在积极的方面以及专注于从你的经历中学到的东西。当你回看自己的日记时，你会为自己取得的进步而感到自豪。我不能保证单靠写日记足够让你爱上自己，但写日记让你有机会完全诚实地表达自己的感受，而不必担心其他人对自己的看法。日记是一个能够帮助你进一步完成自我发现之旅的非常重要的工具。

写下自己所有的成绩

这是另一种可以帮助你只关注积极方面的工具。成绩清单能够提醒你自己有多优秀。列完成绩清单后，应该庆祝一下自己取得的成绩，无论是与他人一起庆祝还是独自庆祝。列举自己的成绩清单时一定要足够坦诚，如果你取得某些成绩是依靠别人的想法或因为得到了别人的帮助，这些成绩就不必再写到自己的成绩清单中了。

你的成绩包括：

● 完成的工作项目。

- 完成的新课程。

- 读完一本书。

- 在某项运动中取得个人最好成绩。

- 减到了自己的理想体重。

每个人的成绩清单各不相同。但凡是你能够写在成绩清单上的成绩，没有一项是微不足道的。

让自己的身体和情感都能得到放松

讨好型人格的人经常按照别人认定的观点和标准来要求自己，其实是自己对自己太过苛刻。你要明白，事物是变化发展的，不要对自己太过苛刻。

同样，让自己从生活的压力和紧张中抽身休息也非常重要。这对讨好型人格的人而言是一个相当大的挑战，因为他们几乎把自己的时间都花在了别人身上。因此，我建议循序渐进地改善，一开始每天从这样的压力和紧张中抽身休息五分钟，逐步延长到三十分钟，你会逐渐感到放松。这些时间只属于你自己，你可以利用这些时间冥想、散步、阅读或听音乐。

享受独处的时光

我曾经害怕独处。无所事事的时候我就会不断思考那些我本可以做得更好的事情。而如今，我需要独处。爱自己很重要的一步就是要学会自己陪伴自己。独处并不意味着你一定会孤独，而是让你有机会不断发现自己喜欢或不喜欢哪些新事物，以及体验那些有他人陪伴的时候不会有的体验。

从自己过去的错误中解脱出来

每个人感怀过往时都会回忆起自己犯过的错误，没有人在一生中不犯任何错误。反思自己犯下的错误也是一次非常好的认识自己的机会。但是，为了爱自己，你必须原谅过去的自己，继续前进。

独自旅行

这可能是较困难的方法，却能给你带来奇妙的体验。独自旅行过一次之后，你一定还想再去旅行。独自旅行可以不同程度地增进对自己的了解，因为当你身处不同的地方，便能体验不同的文化。独自旅行让你做真实的自己，而不必担心别人的感受和想法。

学会爱自己是非常重要的一个习惯，你应该并且可以从现在开始。你只需要关注自己的思想和意志。不必害怕别人的意见，也不必担心惹恼别人。事实上，甚至没有人会注意到你培养了这个习惯。

这对我来说是一种奇妙的感觉，因为我知道我做出了微小的改变。我明白我的朋友和家人不需要知道我在做什么，这就意味着我不必担心这么做的后果，这也让我更加了解自己。你要将以上几条爱自己的方法变成自己的习惯，融入自己的日常生活。虽然有的方法你可能不常用到，但于我而言，即使是十几年之后，我依然会写日记，也会把自己的成绩清单写在日记本的背面。我每年也会独自旅行一次，有时候是在本地的周末旅行，有时候是去其他国家和地区的某个地方旅行一周。当有人问我是否可以和我同行时，我都会微笑着礼貌地回答说："不，这次不行。"

优先考虑自己的需求

我们生活在这样的世界，把自己的需求置于他人的需求之上会被认为是无情或自私的。有些人很好地做到了这一点，而大多数人仍需学习。但讨好型人格的人几乎不可能做到这一点，尽管理论很容易掌握，但将其付诸实践却极具挑战性。我们来了解一下为什么你需要学习如何优先考虑自己的需求。

如果你不能优先考虑自己的需求，很有可能会因此耗尽自己的精力，无法满足自身的需求。如果每个人都希望你帮助他们，那么你可能分身乏术，也会把自己弄得筋疲力尽，以至于无法帮助任何人。讨好型人格的人可能会忽略这一点，其实你应该先满足自己的需求，先让自己快乐。

当我开始研究如何克服这个习惯时，我惊讶于有那么多人说想要学会说"不"。虽然我们未来可能都能做到这一点，但我想要找到一些现在就可以实践的方法。下面是我就如何优先考虑自己的需求给出的建议，而不是直接说"不"。

对自己说"可以"——这是我最爱的方法。在长时间对别人说"可以"而对自己说"不"后，我改变了自己的习惯。为了能对别人说"可以"，我们常常对自己说"不"。而如今，即使只是偶尔一次，你也要对自己说"可以"。

找到节省时间的方法——我们都已经养成了一些浪费时间的小习惯，比如手机游戏或浏览社交媒体等。如果你能戒掉这些习惯，便能腾出一些时间留给自己。

制定待办事项清单——千万不要在自己的清单上都写下他人需要你做的事情。确保自己的清单上至少列出了一件自己想做（但不是必须做）的事情。

利用节省的时间完成自己的任务——你可能很想利用腾出来的时间给朋友打一个简短的电话，或者你想帮同事跑个腿，但千万不要这么做。你腾出的时间应该只属于你自己。

养成作息习惯——在某些情况下，我们希望打破常规。但在早期阶段，养成作息习惯会使你更有可能满足自己的需求，因为从一开始，它们就是你日常习惯的一部分。

调整自己的心态——想要做到这一点也非常困难，但并不需要你对任何人说"不"。当你感到内疚时，缓慢地深呼吸几次，提醒自己应该把自己的需求放在第一位，从而消除内心的内疚感。

每个月给自己留出一天的时间——一旦你开始每天给自己留出一定的时间，就很容易规划出一天只属于自己的时间。在这一天（或先从半天开始）中，你应该做那些你需要为自己做的事情以及想要为自己做的事情。

形成自己的口头禅

口头禅是一个人经常重复的，能够鼓励自己改变自身行为的几个词或一个简短的句子。口头禅既可以用于激发我们的情感，也可以用于改变自身的行为，但我们使用口头禅的目的是改变自身的一些习惯。

口头禅或肯定的话语是开始改变心态的有效方式，并且短时间内即可看到成效。重复口头禅可以向大脑灌输一些积极的想法和能量，从而激发自己对思想转变的需要和渴望。你可以在网上找到许多不错的口头禅，也可以形成自己的口头禅。

讨好型人格的人有心理和情感的需要，需要不同程度地做出讨好他人的行为，而将自己的需求和感受抛到脑后。口头禅能够帮助他们消除内疚感，不会再认为自己不如周围的人有价值。

以下列举的几个口头禅能够帮助你改变想要讨好他人的想法：

- 我很有价值。

- 我的需求很重要。

- 我值得快乐。

- 我很强大。

- 我很高兴。

- 我的梦想很重要。

- 我依然是个好人。

- 我尊重自己。

请注意，以上这几个简短的句子都没有包含任何否定词，也不是在谈论未来，只是在提醒你的意识和潜意识你现在想要做出改变。

口头禅和肯定的话语能够让你以积极、坚定的心态开始新的一天，或者在睡前帮助你平静思绪等。我发现当我开始有想要讨好他人的想法时，口头禅非常有用。例如，在我想说"不"的时候，至少能强迫自己说出来。

我和我的客户已经亲身证明这5个小习惯能够给自己带来巨大的改变。你无须为此付出巨大的努力，但确实能看到几乎立竿见影的效果。你可能会发现其中某个习惯的培养难于其他几个习惯，但我特意按照我认为的从易到难的顺序列出了这5个小习惯。

现在，你可能觉得独自旅行还为时过早，太过麻烦。因为你觉得有必要告诉别人你要去旅行并解释其中的原因。然而，你可能还不想和别人讨论如何克服自己的讨好型人格，解释这样做的原因可能也会令你感到不快，尤其是当你爱的人关心你并试图说服你放弃的时候。这也就是为什么我们要从培养习惯做起，改变自己的生活，逐步进入下一个阶段。

我们讨论的建议都是十分有效的方法，能够帮助你取得进步，逐步学会说"不"。一旦你开始感受到这些方法带来的好处，便会发现自己已经做好了充分的准备在自己的人际关系和生活的其他方面划清界限。在下一章中，我们则需要了解划清界限的目的和方法。此外，我们还要学习如何控制自己对拒绝他人的恐惧，这也是我们想到拒绝他人时最担心的问题之一。

如何无所畏惧地设定
健康界限

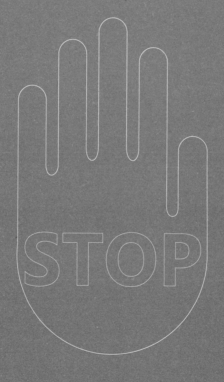

CHAPTER 4

界限对每个人来说都至关重要，对于讨好型人格的人更是如此。没有界限，我们的生活会变成一片灰色的海洋。如果不划清界限，我们就可能会毫无节制地讨好他人。界限提醒我们：人的精神和情感方面所能承受的压力是有限的。对于讨好型人格的人来说，设定健康界限是一种关心自己的方式，告诫自己能做什么、不能做什么，以及我们应该和不应该为他人做什么。

对于讨好型人格的人而言，如果不划清界限，就会不断为自己讨好他人的行为找理由，从而让自己被别人喜欢，感觉被别人接受。没有界限会让我们更容易忘记或忽视自己的需求，更看重他人的需求。如果我们一开始就为自己设定了种种界限，当我们为了赢得他人的喜欢而牺牲自己的个性时，其实是在逐步磨灭曾经为自己设定的所有界限。

界限是什么

界限是空间的分隔物，既可以用来分隔物理空间，也可以用来区分自己和他人的情绪、价值观。界限指明了在某种情况下你觉得可以接受的事情，并且让其他人知道你希望以何种方式被他人对待。

物理界限通常与接触有关。你或许已经注意到，世界上有拥抱者和非拥抱者。当这两类人见面时，拥抱者会越过非拥抱者的界限，给他们一个温暖的拥抱。拥抱者认为这没有错，但非拥抱者则感到非常不舒服。

情感界限是我们为自己设定的界限。一个玩笑是善意的还是挖苦的就是个很好的例子。开玩笑的人认为自己开的是善意的玩笑，可能一开始也的确如此，但一旦玩笑越过界限，演变为挖苦的玩笑，被开玩笑的人就会感觉受到伤害。

如果拥抱者和开玩笑的人知道其他人的个人界限是什么，就不会令对方感觉界限被僭越。当然，我们只是在寻找讨好型人格形成的根源，并不是想指责谁。每个人都要为自己的行为（比如拥抱或开玩笑）负责，但同样重要的是，讨好型人格的人要意识到自己的界限是什么并且不害怕将此告诉别人。

健康界限和不健康界限的例子

我故意没有将说"不"的能力列为一种健康习惯，因为我觉得没有必要去陈述显而易见的事实。我们要意识到自己有哪些不健康的界限，并尽一切努力克服它们。接下来，我们看一些健康和不健康界限的例子。

健康的界限：

- 对自己的个性不妥协。

- 能够无所畏惧地表达自己的情绪。

- 欣赏自己的自我价值。

- 尊重他人的感受和观点。

不健康的界限：

- 牺牲个性，以此让自己感觉自己是团队的一员。

- 隐藏自己的情绪或认为自己要对他人的感受负责。

- 将他人的自我价值置于自己的自我价值之上。

- 不尊重或蔑视自己不同意的观点。

把你的所有人际关系都想象成一个天平，一边是你的个性和观点等，另一边是他人的个性和观点等。若想一段关系保持平衡，需要设定双方都清楚并尊重的界限。

但不幸的是，讨好型人格的人很难划清界限，因为他们不够重视自己的感受以及自己希望在生活中得到的东西。自恋的人常常会越过界限，且通常会和讨好型人格的人成为朋友。自恋的人不一定是有意滥用这段关系，而是他们不知道对方的界限是什么。这也就是为什么当我们自己没有明确划清自己的界限时，不能奢望别人清楚我们的界限是什么。

如果你希望他人尊重你的界限，那么你先要明确在一段关系中哪些行为是自己可以接受的，可以让自己感到安全的。这些界限应该减少你需要说"不"的情况，因为关心你的人会更加了解你的需求，也会更了解你可以做什么和想要做什么。你会因此收获一种幸福的感觉，因为你无须为他人做那么多事情，也不必担心破坏彼此的关系。

不同的人际关系需要设定不同的界限。所以接下来我们来分析一下在不同的人际关系中设定健康的界限需要遵循哪些步骤。

如何在朋友关系中设定健康的界限

在很大程度上，友谊的本质是无条件的爱和交流。我们在年幼的时候结识了一些朋友，随后一起长大。而在此过程中，我们也会结识其他的朋友。所有因为真正的你而爱你的人都会理解你为什么选择在朋友关系中设定界限，他们会尊重你的决定，甚至鼓励你设定界限。因为他们真心希望你能幸福。

与此同时，在朋友关系中设定界限可能会让你了解谁才是你真正的朋友。那些不尊重你选择设置界限的人实际上已经逾越了你的界限。只有你自己能决定和哪些人交朋友。所以我建议你通过下文的练习检验自己的朋友关系。

回望过去，回首自己朋友关系的发展历程。在你的朋友关系中，你有没有发现你的朋友有哪些反复让你心烦意乱或让你不舒服的行为模式？如果有，根据你过去的经历为你们的友谊设定界限，这也能巩固朋友之间的关系。

了解身体向你传达的信息。有时，当你和朋友之间相处感到有压力时，会有胃痉挛的感觉。如果一想到要与这位朋友一起做某事，你的身体就会出现某些症状，那么是时候退后一步，明确自己需要做出哪些改变。

做好与朋友交谈的心理准备。我们很自然地回避此类谈话，因为我们担心谈话带来的后果。不断告诉自己：你没有做错任何事。这并不是要你告诉他们你不在乎他们，只是告诉他们你需要更多地关注自己。此外，你要不断地提醒自己这并不是自私的行为，你只是想要改善你们之间的关系。

- 选择合适的时间与朋友谈论自己设定的界限。最合适的时机就是他们越过界限的时候，比如他们去你家的时候迟到或者过多地谈论他们自己的问题。这个时候，你的朋友很容易就明白你的观点并且会尊重你的界限。

- 谨慎措辞。尽量避免使用诸如"当……时，我觉得你很讨厌"之类的刺耳的话语，这会导致冲突，并使负面情绪演变为愤怒。相反，用诸如"如果我们……我会感觉更舒服"这样的话开始你们的谈话。

- 与朋友讨论你在谈论自己的情绪时的恐惧。讨好型人格的人可能会花大部分时间倾听朋友的问题。当你想要谈论自己的感受时，你的朋友可能会不习惯，但他们不会意识到你害怕他们的反应。与善于倾听的朋友简单地谈一谈自己的恐惧就好像是完成了一次"心理疏导"，也给自己一个畅谈自己情绪的机会。

- 如果你的朋友做了让你心烦意乱的事情，请委婉地告诉他们。比如，我一直都很讨厌别人迟到，因为这让我觉得他们不珍惜我的时间，但我从来不敢告诉任何人。但后来，我发现以一种轻松的方式微笑着告诉朋友会有所改善。例如，"你知道吗？你迟到的时候，我会发疯的。"我希望朋友在下次碰面时可以提前计划好时间。另外，在下次见面前我会说："你不会迟到的，对吗？"这样一来，问题就比较容易解决了。我认识到不仅我们担心和朋友的关系变差，那些爱我们的人也不想做伤害我们的事情。

最后，从你较为信任的某个朋友开始，这个朋友会更理解和尊重你想要设定的界限。这样你就可以更有自信地面对那些需要你采取更强硬的态度才会尊重你的界限的朋友。

如何在家庭关系中设定健康的界限

在许多方面，家人之间的关系可能比与朋友之间的关系更复杂。在你的家庭中，可能存在家庭破裂、家人死亡、生活窘迫的问题，或者家人间未调和的性格冲突等。所以，想要改善不健康的家庭关系更加困难。讨好型人格的人往往更为顺从，会让亲人按照他们自己的意愿行事和说话，避免惹是生非。

我们可以运用一些方法来建立健康的家庭关系。你先要了解家庭环境中的哪些因素触发了你的负面情绪，所以你需要意识到自己何时会产生焦虑的感觉，甚至是开始有了胃痉挛的感觉。或许是亲人拿你和你的堂兄弟做比较；或许是你的兄弟姐妹把一切都看作竞争；等等。你要从心底铭记这些触发你情绪的因素，这样你就知道需要设定哪些界限。

同样，你要记住将自己的需求优先于家人的需求也无可厚非。你不可避免地需要就此与家人进行讨论，在准备讨论的过程中也要时刻提醒自己这一点。

在与家人讨论之前，我还做了另一件事。我找到了方法应对他们越过我想要设定的界限时所产生的情绪。这样做是因为与朋友相比，我更担心家人的反应。我更担心我的家人会怎么想以及他们对我的看法。我也意识到，家人的任何负面的反馈都会使我产生更多的愤怒和沮丧，并且这种愤怒和沮丧是我无法表现出来的。

出于这个原因，在与家人交谈之前的几周，就开始练习一些应对机制。每当我觉得家人越过了我的界限时，我都会用我的应对机制来舒缓自己被压抑的愤怒。比如，我会走进阳台、拿起画笔在纸上涂鸦，这样做能平息我愤怒的情绪。

你可以考虑采用以下几种应对机制，为与家人讨论自己的界限做好准备：

- 对着枕头大喊或尖叫。

- 听自己喜欢的音乐、跟着音乐跳舞。

- 洗个热水澡。

- 健身。

- 冥想、正念。

不过，我会先向"较随和"的家人阐明我的界限。我不打算召开家庭会议，因为我害怕他们联合起来对付我。我还要找准时机，我不会打电话告诉某位家人我想要和他谈谈，因为我不想让他激动。我会选择在某天晚上我们一起将餐具放入洗碗机时，开口和她交流我的界限。

我从我的妈妈开始，是因为她是我们家里最容易交谈的人，而且当我和她交流时，她是一个极佳的倾听者。请记住，虽然有些家人可能非常关心你，但是你想要设定界限的想法会让他们感到难过，很可能会让他们对你内心承受的一切感到内疚。

我强调这一点只是为了让你了解当你想要与家人设定界限时可能会发生的情况，但这当然不能成为你不设定界限的理由。我只有在让我的妈妈接受我对生活不满意的事实时，才会用到应对机制。从那以后，每当我的妈妈似乎即将越过我设定的界限时，我只需要微笑着说："妈妈，回想一下我们那次简短的谈话。"每次她都会回答我说："好的，好的。你是对的，亲爱的。"

当然，你无法避免不尊重自己界限的家人。但是，随着时间的推移，通过练习本书中的方法，你将能够对那些越过界限的家人说"不"。

如何在工作关系中设定健康的界限

工作关系可能比朋友关系和家庭关系还要复杂。在工作中，我们平均每天与同事共处八个小时。即使是居家办公，仍然需要与同事展开线上合作。在工作环境中，虽然避免同事越过物理界限很容易，但仍然有许多其他很容易越过的界限。

最重要的是，由于工作稳定性的原因，人员流动颇为常见，所以很多时候，你可能没有足够的时间与同事建立牢固的关系，更没办法轻松地告知他人自己的界限。

对于那些不是讨好型人格的人而言，他们能够轻松地指出同事的越界行为。但对于讨好型人格的人来说，人员的流动会使他们更难设定自己的界限。

出于这个原因，我通常都会初步评估与我一起工作的人（或我的客户），并大体将这些人归为两类：一类是我们已经合作了一段时间并且可以讨论界限的人，另一类是我们仍在建立工作关系的人。

如果你已经与某个人共事几个月甚至是几年的时间，你可能已经与其建立了工作关系的基础，甚至可能已经建立了朋友关系。因此，我建议你遵循与朋友建立界限的步骤，并结合一些与家人设定界限所用的应对策略，再根据工作环境进行相应的调整。

将这三种方法结合能够取得良好的效果，是因为一旦我们开始感受到这些情绪，就必须学会如何处理这些情绪，避免情绪的升级。虽然你可以远离家人或朋友，花点时间冷静下来。但是，如果为了冷静下来而离开工作岗位，就必须要承担相应的后果。

对于新同事来说，刚开始的时候最害怕的就是设定界限。但我认为，这是一个可以把学到的东西直接付诸实践的绝佳机会，并且你也不用担心伤害自己爱的人：

- 让同事在对话的一开始就明白你的价值观。价值观是你永远不应该妥协的东西，现在更是如此，因为你的价值观也体现了你的职业道德。

- 如果足够自信，可以从一开始就表达自己的意见。或者，用恰当的措辞阐明自己的观点，但要强调团队合作，例如"或许我们考虑……会更利于……"。

- 确保同事从第一天起就知道你的工作安排，了解你的界限。例如他们无法在某些时段内联系到你，这些是他们无法逾越的界限。

- 用合理的理由为自己辩解。对于讨好型人格的人有利的一点是，职场中没有人会接受情感的辩解。所以，如果你告诉同事你无法做某事，反而更无法摆脱与这件事情的干系。但是，当把焦点转到具体的工作项目时，便可以用一个合乎逻辑的理由设定好自己的界限，比如"如果我做'X'，我就无法做'Y'，而'Y'是客户最大的诉求"。

如何在恋爱或婚姻关系中设定健康的界限

你需要为三种人设定健康的界限：你最亲密的人、最好的朋友、和你相处时间最多的人。在一段关系中，不健康的界限意味着，没有这些人你会觉得不完整，或者你需要依赖他们才能做成一些事情。你甚至可能觉得，离开他们自己的生活会变得不幸福。

你的伴侣可能会做一些你不喜欢的事情，比如把你刚刚打扫好的厨房弄得一团乱，或者不经你的同意就把你的车开走。你甚至可能会为了不打乱伴侣的计划而改变自己的计划。我有一个客户为了不打扰男朋友午睡，便不再看自己最喜欢的午间电视节目了。

虽然以上这些行为都不足以成为结束这段关系的理由，但如果你仔细观察，你还会认为这是一种平衡的关系吗？在一段伴侣关系或婚姻关系中，界限对于平衡你的优先事项至关重要，界限还能使你做出你需要的改变，避免发生进一步的冲突，从而使你和伴侣都免于受到伤害。

在设定伴侣关系中的界限时，需要考虑以下六个因素。

（1）给双方想做的事情留有足够的空间和时间。

（2）对需要完成的家务负责。

（3）无论顺境还是逆境，都要爱你的伴侣。但当他们的行为超出了你能容忍的界限，也要适可而止。

（4）当伴侣越过了你的界限，要学会原谅。但只能原谅那些不违背你的价值观的言辞和行为。

（5）对伴侣坦诚并给伴侣一个坦诚的机会。

（6）明确自己的界限后，也要确保你的伴侣完全清楚你的界限是什么，然后坚定地坚持自己的界限。我知道要做到这一点很困难，但这对你们的关系和幸福至关重要。

设定界限是一项需要自己单独完成的任务。上述因素是为亲密关系设定界限的总体指导方针，你可以根据自己最重视的方面完善具体的细节。然而，对于一段已经相处很久的关系，你做出任何形式的改变都将很难。

在长期关系中设定界限可能会面临一系列不同的挑战。你的伴侣可能不理解为什么突然需要改变。如果是这种情况，你可以尝试遵循以下的步骤：

（1）找一个你们都很开心的时间。不要选在各执一词的激烈讨论之后或者两个人都辛苦工作了一天之后的时间。

（2）确保时机正确且不被打扰。

（3）解释你希望对方做出哪些改变。这并不是因为对方做错了什么，只是因为你想要过得更快乐，你希望赋予这段关系更大的意义。

（4）真实地讲述自己的情绪，但所有的措辞都只是在描述你自己的感受，不要强调伴侣带给你的感受。

（5）谈话的内容囊括如何让彼此继续共同成长、设定新的共同目标或彼此可以共同学习的新内容。

（6）告诉对方，你依然很爱他。

虽然做出改变非常具有挑战性，但改变之后的双方会更容易对话，因为你学会了如何更好地表达自己。

克服被拒绝的恐惧

我们无法设定界限的主要原因是我们不想让他人失望，而且我们害怕他人不认同我们的界限并因此拒绝我们。

人是社会性动物。我们需要通过与他人接触来感受到亲近和联系。早期人类便已经有了被拒绝的恐惧，当某个人被部落拒绝时，自身的生存机会会受到影响。因此，害怕被拒绝对每个人来说都是一种自然的情绪，但对讨好型人格的人来说，其影响更深。

科技的发展让人们更害怕被拒绝。比如，我们在社交平台发送了一条信息后，看到对方已读不回时，我们的大脑很可能不会认同对方在忙这样的合乎逻辑的解释。相反，我们会认为这是一种拒绝的表现。

我还发现：我们对拒绝的恐惧和对"不"这个字的恐惧既

密切相关，又迥然不同。当销售人员推销新产品时，他们可能会把客户的"不"当作客户不喜欢自己，但实际上，客户只是对产品说"不"。

当我们的朋友或伴侣拒绝晚上外出时，我们会有被拒绝的感觉，认为他们是不想和我们在一起。但真实的原因可能是他们累了，或者只是更愿意和我们在家里美餐一顿。

在练习克服被拒绝的恐惧之前，我们有必要弄清楚生活中的哪些时刻会令我们感到自己被拒绝了。比如，他人短时间内没有回复你的消息，或者他人对你的某个想法或某个和你相关的事物说"不"。其实，这非常正常，你没有必要认为这是对你个人的拒绝。相反，请你完成以下的练习：

（1）从自己过往的经验中学习。如果你申请了一份工作但却没有成功，你会产生被拒绝的感觉。允许自己处理这种情绪，但最好不要超过几分钟，然后反思自己哪些地方做得对，哪些地方可以改进，并询问他人的意见。

（2）虽然你应该做好被拒绝的心理准备，但你不能认定自己一定会被拒绝。如果你认为自己一定会被拒绝，可能会影响自己的表现，增加被他人拒绝的概率。

（3）当有人对你说"不"时，你千万不要纠结。你可能会认为，"要是我当时……就好了"，但真的不必如此，你会因此把责任归咎到自己身上。

（4）回看自己的日记。看看自己写过的东西，提醒自己关注自我价值。看看自己做出了哪些成绩、实现了哪些目标以及取得了哪些进步。

（5）和自己的亲人、朋友谈谈。你已经设定了新的界限，是时候利用这个机会和他们谈谈自己被拒绝之后的感受。

（6）请记住，每个人都会经历被拒绝的时刻。重要的是不要认为是他人在针对你。大多数情况下，对方只是拒绝你的想法或建议，而不是拒绝你这个人。

（7）发现被拒绝中的积极的一面。想象一下，假如你是一名销售人员，你需要向一位热衷于无休止地谈论所有细节的客户推销一个新的产品。即便这位客户说"不"，其中也一定有积极的方面。这样你就不会觉得自己与客户打交道浪费了时间。很多时候，当我们开始发现积极的一面时，甚至可能认为拒绝是一个更好的结果。

（8）提升自信。在朋友关系和其他的人际关系中，彼此不一定一直合拍。这并不意味着因为你做了什么或者你被拒绝了，这段关系就是失败的。写一张清单，列出自己最好的品质，以及你能为朋友或其他人际关系中的另一方做些什么。

（9）客观地看待事物。比如，你希望全家人外出，而其他家庭成员更愿意待在家里，但家人共度时光才是最重要的事情，不是吗？

（10）了解自己感到恐惧的原因。比如，你害怕被所爱的人拒绝，那可能是因为你害怕孤独，所以你想努力巩固生活中的其他关系。但可能这并不足以克服你的恐惧，但能够让你迈出第一步，或者至少让你意识到自己的恐惧。

（11）直面自己的恐惧。虽然直面自己的恐惧是很难的事情，但你只是担心可能会发生某些事情，并不能保证这些事情一定会发生。如果你想和某人约会，对方可能拒绝，也可能答应。想想你可能会因为害怕某些未知的事情而错过什么。当你能直面恐惧时，就可以考虑采取一些方法消除恐惧，学会更轻松地应对恐惧。把恐惧分解成"谁""什么""何时""何地"和"为什么"，继而逐个处理。

（12）专注于你能够获得的东西。假设你希望通过一门课程或获得一个学位。虽然你没有选到自己理想的课程，但管理人员告诉了你一些你不知道的其他课程，而有些课程实际上更合适你。每一种你面临拒绝的情况都会使你获得一些东西，即使有时候只是能让你变得更有勇气。

（13）每一个"不"都会让你更接近"可以"。不仅仅是因为平均法则，每次你被拒绝的时候都能从中学到一些东西，你都可以因此而变得更好，让自己更接近"可以"。

（14）永远不要犹豫。比如，你开始告诉自己以后会变好的，实际却是在让恐惧控制自己。这也会加剧自己的恐惧，你甚至会更害怕一些根本不会被拒绝的事情。

（15）专注于你想要的感受。尽管专注于自己想要的感受工作效率会更高，但我们依旧很容易转换到自己不想要的感受。当自己被拒绝时，要明确自己希望如何处理这种情况。告诉自己你想变得积极，你想从经验中学习。

（16）想象自己以一种自信的方式处理被拒绝的情况，不要为此感到不安，也不要因此自我怀疑。

（17）从你的偶像身上得到启发。大多数人都有他们喜欢或崇拜的名人。这些名人也曾在某个时候被拒绝过，但他们能够调整好自己，并在后来取得了惊人的成绩，你一样也可以做到。哈里森·福特（Harrison Ford）、史蒂文·斯皮尔伯格（Steven Spielberg）和休·杰克曼（Hugh Jackman）等都是这样的人。

（18）相信自己有能力克服被拒绝的恐惧。当有人说"不"后，你可能会在几分钟、几个小时甚至几天内感到失落。但一两周后，这个"不"是否仍依然具有相同的意义？或是你已经从中获得一些更好的东西？你要相信自己足够强大，能够战胜被拒绝的恐惧。

本章介绍了很多帮你走出舒适区的方法。上一章介绍了不需要他人参与，自己就能做出改变、取得进步的一些小习惯。至此，你已经清楚地了解了自己的界限，以及如何在生活中设定自己的界限。你也学会了如何克服被拒绝的恐惧。在克服恐惧的过程中，你也更了解自己的各种人际关系，有些人际关系会让你感觉非常放松，能够鼓励你继续前进。

千万要深刻领会前四章的所有内容。切忌急于求成，用自己觉得舒适的速度实践。积极地肯定自己取得的进步，你正在学习说"不"的道路上稳步前进。

第五章

如何立刻开始
毫无内疚感地说"不"

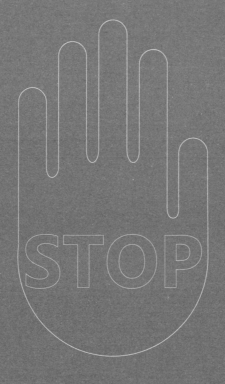

CHAPTER 5

是时候克服自己曾经认为不可能的事情了。本章不仅会教你如何说"不"，还会教你什么时候使用这个强有力的词。此外，本章还将讨论说"可以"的美妙之处，说"可以"并不是因为你必须答应，而是因为你想答应。

之前章节的学习已经为这一刻做好了准备，所以现在你更清楚何时说"不"。自我发现之旅让我们明确了自己的目标，也让我们明白自己想要和需要从生活中获得什么才能感到幸福。我们也学会了一些开始说"不"的方法，也因此开始感受到了一些积极的变化。如今，我们已经设定了明确的界限，也让我们所爱的人知道我们的界限是什么，所以当有人越界时，是时候采取一些行动了。

我们身边的人经常会越界，但这也不能怪他们。他们或者因情绪突然激动而在不合适的时候找你，或者因以为你会喜欢这种体验而过于坚持。因此，我们需要加深对何时说"不"的理解。

- 思考一下你在这种情况下的感受：是生气、紧张还是平静？你对这个提议抱有积极的感受吗？

- 考虑自己的优先事项以及你是否真的有时间说"可以"。

如果你真的有太多事情要做，就需要说"不"。

- 确保这件事情没有越过自己的任何界限。

- 当你还没有准备好做出决定时，要求对方给自己留出更多思考的时间。

最后这条建议对我们而言至关重要，但我们必须能够以正确的方式使用这条建议并且能够正确认识自己的感受。例如，对于他人的某个提议，如果你感觉难以决定，但确实又喜欢这个提议，并且愿意为之调整自己的计划，便可以真诚地告诉对方你稍后再答复他们。这样一来，你就有更多的时间思考，确保可以通盘考虑所有的选择后做出正确的决定。但是，如果你不想做某事，并且"不"这个词就在你的嘴边，但你没有勇气说出来，就不要要求对方留出更多思考的时间。因为你只是在推迟拒绝对方的时间。

另一种方法是，当你不确定该说"可以"还是"不"的时候，可以征求他人的建议。对于工作关系而言，这条建议非常实用。如果你不确定他人要求你做的事情是否现实，或者是否会对你的工作产生不良影响，那么这条建议就非常有用。同样地，像"我晚点再答复您"这样简单的一句话就能给你留出更多的时间，你也无须匆忙地做出回应。一旦压力得到缓解，你就不会觉得必须当场被迫答应。

如何说"不"

当你觉得有必要说"不"时，需要遵循以下三个关键规则。我发现这三条规则不仅简短、明了，并且在我说"不"之前以及我一整天都在重复这些规则时，我的心智也会变得更加强大。

（1）说"不"并不容易。

（2）我要控制我的时间。

（3）对别人说"不"就是对自己说"可以"。

说出"不"这个字对我们来说不只难，有时甚至很可怕。我还担心其他人会发现我的恐惧并因此嘲笑我。虽然说出"不"并不容易，但第一次说"不"才是最难的。这意味着你不得不走出自己的舒适区。但是当你第一次成功说出"不"的时候，你会感到一种强烈的自豪感和满足感，也会有一种成就感。

提醒自己：你要掌控自己的时间和快乐，这是一种能够让你感觉自己有话语权的非常有效的方法。此外，当你想到你能做一些自己真正想做的事情时，便有了充足的动力说"不"。

一旦考量过了当下的情况，也做好准备说"不"时，你应该：

- 面带微笑礼貌地说"不"，并就此向对方道歉。

- 自信但不咄咄逼人。

- 不要受他人施加的压力的影响，忽略对方说的"但其他人都……"这样的话。

- 坚持自己的立场，牢记自己的界限。

- 如果对方坚持己见，你也要态度强硬。允许让自己自私地使用自己的时间，坚持说"不"。

学会自信而不咄咄逼人地拒绝，需要提高个人语言行为和非语言行为的技巧。也就是说，你要学会措辞。比如，你可以说"开始"，而不是咄咄逼人地说"做这个"。再比如，像"这简直是一个愚蠢的想法"就是一种咄咄逼人的表述，只会给他人带来负面情绪。自信的表达不会伤害提出建议的人，反而会激发更多的想法。大喊大叫、打断别人说话只会让他人感到恐惧，不会取得任何进展，因此重要的是要确保你的声音足够大，可以被对方听到，而无须大喊大叫。此外，过多的眼神交流会让你感觉对方是在盯着你而不是在表达他们的想法。

这是一个相当宽泛的主题，所以我们已经在之前的章节中专门讨论过这个问题。

礼貌而坚定地说"不"

- "不，对不起，今天绝对不可能。"
- "我很想，但我已经有很多事情要做了。"
- "不，对不起，我已经答应别人了。"
- "谢谢，我很感激您的建议，但我有自己的计划。"
- "不，但我希望我可以。这听起来很棒，希望下次有机会。"

请注意，这些回答中并未对你为什么说"不"做出任何解释。你也不需要证明你的回答是合理的，假如你向他们提问，他们也无须证明他们的回答是合理的。

虽然对方可能已经习惯了你答应他们所有的请求，从而可能惊讶于你会拒绝他们，但也会继续尝试改变你的想法。

在很大程度上，此时说"不"比开始说"不"更难。自己提前构建好的信心和控制力开始被让人们失望的感觉所压倒。你会认为摆脱这种尴尬局面的最便捷的方法就是说"可以"。

但是，你万万不能说"可以"，这一点至关重要。

骑过马的人都知道，当你跌倒时，你可能想重新跳上马背。但如果你开始盯着马看，就会感觉紧张，逐步后退。如果你告诉自己明天再来，那么实际上你可能不会再来骑马了。

坚持不懈想要改变你的想法的人就好比是那匹马，一旦你说"可以"，你就冒着以后无法说"不"的风险。另外，如果你坚持自己的立场，对方会知道你有不能逾越的界限，当你下次必须说"不"时，他们便不会再试图劝说你了。

虽然他们可能会问你为什么说"不"，你只需再次强调这是一个不能被逾越的界限，因为每个人都有自己的隐私。来看以下对话：

甲：你今晚能加班吗？

乙：不行，对不起，我不能加班。

甲：为什么？

乙：（1）因为我还有别的事情。

（2）因为今天是我奶奶的生日，我承诺过我会陪她庆祝生日。

第一种回答没有留下任何回旋的余地。而第二种回答不仅会让对方更深入地了解你的个人生活，还可能会说你的奶奶已

经过了很多次生日了，你可以晚点再去看她，她也可以等你一
会儿。甚至更糟的是，对方可能会使用一些心理战术，对你说
"你的奶奶如果知道你在工作中表现得很出色，一定会非常开
心"。讨好型人格的人非常想听到这样的话，因为这些话让他
们感到自己被欣赏和被需要。但是，这并不是真正的赞美。所
以，最好不要给出理由或透露个人的信息。

对于那些你不答应就不肯罢休的人，最好的应对方式就是
给他们另外一个选择。假如你的朋友坚持想让你去看电影，你
也一定要坚定自己的选择，但可以提议换个活动。他们可能会
拒绝你的想法，你们两个人可能会为此简短地讨论，从而商定
出对双方而言的最佳选择。

对于与工作相关的替代选择，可以建议换一个能够满足对
方需求的时间。比如，如果某天晚上你不能加班，可以建议第
二天再加班。

替代选择并不意味着你在让步，因为你依然坚持了自己起
初的"不"。这也可以作为一种折中方法，这样既能让对方满
意，你自己也不会被迫做一些你不想做的或者是没时间做的
事情。

何时说"可以"

学会说"不"并不意味着你不能说"可以"。它的真正含义是，当你说"可以"的时候，你是发自内心地想要答应对方，是真心想要花时间或帮助请你帮忙的人。

一旦你学会说"不"，说"可以"的时候就像你在暴风雨后呼吸到新鲜空气一样，你会感觉非常平静但同时又充满活力。

何时说"可以"取决于你自己的情况。你需要深入思考自己对这个问题的感受，再分析自己是否有空，最后还要考虑说"可以"是否会让自己开心。

如果没有满足这三个条件，你就需要给自己多一些时间进一步考虑。跟对方说一些诸如"我愿意，但我可能需要重新安排一些事情"和"我可以稍后再答复你吗"这样的话。比如下面这个例子。

假设你已经答应了你的妈妈周六帮她做一些园艺的工作，但你的朋友邀请你周六去游玩。这两种选择都不会让你感到恐惧，事实上，它们听起来都很有趣。但你不可能把自己一分为二，所以你必须对其中一个人说"不"。

多陪妈妈一会儿会让你开心。你知道她会做你最喜欢吃的午餐，并且也有必要收拾一下家里的花园。而花时间和朋友在一起游玩，也能让你从中享受到快乐。但如果你两件事情都想做，可以尝试给双方各提供一个替换的方案。是否可以星期天和妈妈一起做园艺工作？或者是否可以下个周末再和朋友去玩？

再比如，假如你的领导希望你去参加一门课程，答应他你就会得到一个绝佳的学习机会，你该怎么办？如果你不需要为此错过其他活动，或者说你并没有其他事情要做，你就可以答应他。

不要因为对拒绝的恐惧或内疚而说"可以"。花点时间思考这样的选择是否适合自己。了解自己恐惧的根本原因是什么。如果你害怕尝试新事物或者害怕更多地了解自己，你可能应该说"可以"，因为回报是值得的。

如何消除自己的内疚感

当我们认为自己做错了某些事情的时候便会产生内疚的情绪。强调"认为"二字是因为并不是我们真的做错了什么。而我们常常做错的一件事是未能优先考虑自己的需求，拒绝他人会让我们感到内疚。

美国精神病学会（American Psychiatric Association）指出：过度或异常的内疚是临床抑郁症的一种症状。造成这种情况有多种原因，包括创伤后应激障碍、童年创伤，甚至幸存者的负罪感等。

如果我们能够将内疚转化为自身的动力或弥补我们可能犯下的错误，这样的内疚则是健康的内疚。

我们讨论的是困扰讨好型人格的人的不健康的、过度的内疚感。由于各种原因，这种内疚感控制了我们的情绪。说"不"意味着会伤害别人的感情。我们对自己的孩子说"不"，希望能培养他们更坚强的意志，但他们太小了，很难体会到我们的用意。我们感到内疚，因为我们觉得可以为朋友和家人做更多的事情，即使自己已经为他们牺牲了大部分的时间，但你仍然觉得应该为他们付出更多。又或许，我们感到内疚是因为我们为了与某个人一起活动而不得不拒绝其他人。

对于没有形成讨好型人格的人而言，你觉得这些人会怎么想？几年前，我们举办了一个聚会，但我侄女和她爸爸一起出去了。我感觉她没法参加这次聚会，所以我很难过。她的妈妈说:"是的,太遗憾了!但她会想通的,以后还能参加别的聚会。"这让我明白了接受某件事所带来的遗憾或惋惜的感觉与让这种感觉蔓延到在精神上遭受打击之间的区别。

自我照顾的内疚对于那些觉得需要让别人满意的人来说是一个严重的问题。自我照顾是指在身体上和情感上照顾自己,是我们幸福生活的必要条件。这并不是自私,但我们认为可以利用照顾自己的时间为别人做事情,这也会加剧自己的内疚感。

这就是为什么我们一直在强调在日常生活中留出"私人专属时间"的重要性。如果你能分配好时间,每天只需要留出三十分钟照顾自己,就不必因为没有为他人做某些事情而感到内疚。养成留出"私人专属时间"的习惯,便能轻松自在地空出这些时间。所以,如果你想开始消除自己的内疚感,你必须知道你能承担多少事情以及你的界限是什么。

以下是五个帮助你消除内疚感的练习:

1. 为你的内疚感找到真正的事实依据

如果你的朋友告诉你,你们从来没有一起做过任何事,反思一下朋友说的是否属实。如果你们有一段时间没有一起做过什么,那么你就需要弥补一下朋友。如果他们夸大了事实,就意味着没有真正的迹象表明你需要感到内疚。

2. 通过写日记来获得自我满足

很多时候我们觉得内疚，是因为我们无法做到很多事情。列一份清单，写出你为他人和自己做过的所有事情。这份清单会提醒你，你实际上是一个非常慷慨且有爱心的人，也会避免让你由于为自己做了一些小事而感到内疚。

3. 不要对自己太苛刻

《西班牙心理学杂志》（*Spanish Journal of Psychology*）曾经刊文：女性更容易产生内疚感。你可以观察一下自己身边的女性一天或一周内都做了哪些事情。她们是否每天工作八小时，还要打扫卫生、准备晚餐？你在工作的时候，他们会因为看电视而感到内疚吗？

4. 提醒自己，每个人都会犯错

某天晚上，我为六个朋友做晚餐。我误算了温度，把晚餐做得一塌糊涂，我觉得大家的整个晚上都被我毁了，心里很是愧疚。但实际上，我没有必要为此内疚，这只不过是一个错误。后来，我们点了外卖，继续共度那个夜晚。另外，我们需要提醒自己，有时做事情没有对错之分。即便你用自己认为正确的方式做了某件事情，也并不保证你不会感到内疚。内疚与否都是你自己的选择。

5. 想想你能从内疚感中得到什么

如果内疚感能够帮助你纠正自己的错误，那么这种健康的内疚感就起到了有价值的作用。即便你可以为你的错误承担责任，你可以从中吸取教训，但事情都已经过去了。内疚是一种与我们过去的行为相关的情绪，一旦我们从经验中吸取教训，就没有必要为此继续感到内疚。

虽然一开始说"不"可能很难，但你有说"不"的权利。另外，你不要因为把自己的需要放在第一位而觉得自己自私，也不要因此而感到内疚。本章所举的例子中揭示了一种积极对他人说"不"的方式，你甚至可以不用提到"不"这个字就能表达拒绝别人的意思。肢体语言和提供替代方案是化解冲突和接纳妥协的完美方式，这样双方都会感到高兴，而且你无须为让他人失望而感到内疚。

我希望本章的内容能够激起你内心的一些积极的情绪。学会在正确的时机说"可以"或"不"是一种非常有效的方法，它能够让你的生活更加幸福。既然你已经意识到某些情况会触发自己的情绪，你的内心和直觉会告诉你应该怎么做。如果你觉得需要花更多的时间才能做出正确的决定，请不要忘记延迟回答的重要性。

如果你还没有说过"不"，那也没关系。请记住，重要的是做好准备，确保时机合适，这样你才能更坚定自己的立场。如果做到了这一点，我希望你能和我有一样的感觉，就像整个世界的重担都已经从自己的肩上卸下，开始看到隧道尽头的曙光。

虽然路途略有坎坷，但这也都在所难免，仍然有很多令他人满意的技巧和建议可以增强你的能力。当你继续练习本书所学的内容时，让我们更深入地分析当你拒绝他人时，对方可能会有哪些反应。事实上，与拒绝他人相比，我们可能更惧怕的是他人的反应，所以我们有必要做好准备，才能挺直腰板，坚定地说"不"。

第六章

如何应对他人的反应

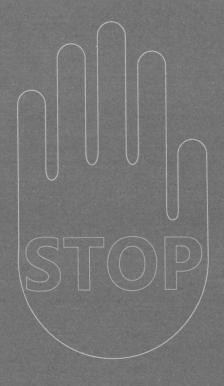

CHAPTER 6

正如上一章末尾提到的，学会说"不"的道路并非平坦，但这绝不是坏事。遇到颠簸并不意味着你无法克服讨好型人格的问题，也不代表你永远都学不会拒绝。这是一条由各种体验构成的学习曲线。大多都是美好而积极的体验，消极的体验还是少数的，但每一次体验都是一次学习的机会。

你可能会惊讶于他人给出的反应差异如此之大。当你为自己挺身而出的时候，你可能也会为此感到震惊、惊喜或幸福。但对于你刚刚学会的先考虑自己需求的做法，其他人可能不喜欢，并会为此感到愤怒或沮丧。

在你说"不"之前，你很可能会花很多时间考虑对方会有什么反应。这个想法会让你开始感到紧张，甚至让你怀疑自己的决定。你花越多的时间考虑他人可能会有什么反应，这种紧张的情绪就越有可能发展成焦虑。当这种焦虑成为恶性循环的一部分，就会影响你的饮食和睡眠习惯，以及生活的方方面面。

焦虑是不健康的，而且会造成一定的潜在危险。出于这个原因，本章将重点分析当我们开始思考他人会有何反应时，所感受到的焦虑情绪。

如何保持冷静以及如何消除对"他人的看法"的焦虑

你应该明白的一件事是，你永远无法讨好所有人，尝试讨好所有人注定会失败。想象一下，如果你需要在20个人面前发表演讲。其中的某个人可能由于你被选中代表大家演讲而嫉妒你。也可能会有某个人嘲笑你的穿着，即便他旁边的人认为你的衣服选得很好。也有些人会对你抱以鼓励性的微笑。不论你面对什么样的情况，你都会得到不同的反应。即使是和同一个人打交道，你也会得到不同的反应。

想象一下，当你的老板说："虽然我很失望，但我表示理解。"对于讨好型人格的人而言，他们不会认为这是一种肯定，而是过多地关注我们让他人失望的这一面。但是，我们无须为他人的情绪和反应负责，也不应为此感到内疚，就像只有我们自己需要对自己的感受负责一样。

如何面对"他人的看法"导致的焦虑情绪

关注情况

我们已经发现，当我们不得不说"不"时，就开始感觉焦虑。下一步就是要明确哪些人更容易引发你的焦虑情绪。你的朋友可能会让你感到紧张，而你的同事可能会将这种感觉提升到更高的焦虑水平。然后，再衡量这个人对你的影响有多大。你的领导可能对你有影响，他可能会影响你的职业生涯。换句话说，你的同事可能对你没有任何真正的影响。通过回答这些问题，你会找到使自己集中注意力的最佳方式。

判断你的焦虑是否合理

基于自己既往与人相处的经验，你会提前预设对方会有何反应。很多时候，我们在脑海中会提前预设某件事情会如何发展，但事实不一定都如我们所料。如果你不去参加家庭聚餐，你可能会担心妈妈发火（即便你的妈妈过去从未发过火）。

有时候，我们预设的情况会比实际情况更糟，这也会使我们倍感焦虑。如果你从未与某个人打过交道，你也不确定他们会有何反应，就不要假定他们会做出消极的反应，这一点至关重要。

反思自己为什么在乎对方的反应

你在乎对方的反应是因为你希望对方喜欢你、赞赏你。但是，如果说"可以"并不能使对方尊重你，甚至都不能让对方喜欢你，那该怎么办？最终的结果是你不得不做一些你不想做的事情，而对方也不觉得你好。

即使对方因为你认同他们而高度赞赏你，有些人仍会认为这样的做法需要付出高昂的代价，会有更好、更诚实的方式来赢得他人的尊重。

了解你的焦虑来自哪里

我们的担忧和焦虑的感觉通常是由于我们感觉自己失去了控制，更具体地说，自己无法做决定和控制自己的生活方式。情绪亦是如此，你也无法控制别人对你的看法。

如果有人不喜欢你，即便你付出再多的努力想要改变对方的看法，也无济于事。

你真的需要这个人喜欢你吗？世界上难道没有其他可以让

我们喜欢的人，并且他们也会喜欢真实的我们吗？

如果焦虑是因为缺乏控制，那么你需要控制。在这种情况下，最好的控制方式是决定离开。

如何在焦虑时保持冷静

最好在说"不"之前处理好你的焦虑情绪，因为担心和紧张只会增加你对说"不"的压力。一旦出现"恐慌"的情绪，你可以通过以下五种方法使自己保持冷静。

（1）站起来——下次你感到焦虑时，你会发现你自然地开始弯腰驼背。这是因为我们想要保护自己的心脏和肺部。如果你站起来，或者至少让自己坐直，你的自制力会随之增强。

（2）专注于自己的呼吸——除了深呼吸，也要注意吸气和呼气。这样能够帮助你集中注意力，不再思考那些让你感到焦虑的事情。

（3）改变自己的活动——如果你正在工作并且无法摆脱焦虑的情绪，那就立刻走开。吃点水果，或者做一些能够让你排解焦虑情绪的事情。

（4）不要吃糖——巧克力可能是你用来调节情绪的食物

之一，但糖分的刺激可能会使你更加焦虑。相反，摄入一些蛋白质含量较高的食物，能够缓慢地缓解你的情绪。

（5）"333"游戏——这是我个人最喜欢的一种方法，它能促使大脑不去想令你焦虑的事情。想出你能看到的、听到的、经历的三件事。其中的任何一件事情都能帮助你集中注意力。还有很多其他方法可以让你保持冷静、减少焦虑。你可能会发现，读书或浏览有趣的视频都能帮助你转移注意力，或者你觉得散步更有助于缓解焦虑等。给朋友打一通简短的电话也可以使你冷静下来。你可以和他们谈谈自己的感受，由此把注意力转向积极的事情或计划一些自己期待的事情。

当对方感到沮丧时，你该如何应对

当有人因被你拒绝而感到沮丧时，你也会因此感到不快。虽然双方都受到了伤害，但每个人只需要对自己的感受负责，也只能掌控自己的行为和想法。尽管如此，你还是可以采取一些措施来改善现状。

说"可以"能使对方不再感到沮丧，但这绝不是理想的解决方案。

我们的目标是坚持自己的立场，而不是在自己的价值观上向他人妥协或者允许他人僭越自己的界限。所以，为了不让被你拒绝的人沮丧、生气，你可以尝试以下方法。

与对方建立融洽的关系

千万不要说诸如"我知道你的感受"之类的话，因为这样对方可能会给出"如果你知道我的感受，为什么不按照我说的去做呢"之类的回答。这更多的是一种潜意识层面的和谐。模仿他人的行为（比如，对方站起来，你也要站起来），也可以使对方与你建立联系。

听听对方在说什么

虽然你拒绝了他们的建议，但这并不意味着谈话会到此结束。看看做出一定的妥协是否会是一个不错的想法。倾听甚至重复他们想要表达的核心内容。一旦他们知道你听到了他们所说的内容，就会冷静下来。

提出问题

提出问题是向对方表明你也希望找到解决方案，而且很有可能对方是因为想不出替代方案而感到沮丧。提出问题相当于双方一起思考，这会让他们忘记被你拒绝的事实。

建议改天再解决问题

当情绪开始激动时，更明智的做法是双方暂时分开，但并不意味着忽视这个问题。你需要告诉对方"我们花一个小时的时间思考一下，稍后看看有没有新的想法"之类的话。分开的时间会让双方都冷静下来，与此同时，你也可以提出一些可以解决问题但不会让自己不自在的想法。讨好型人格的人很少会感到沮丧或激动，因为他们一直在想方法保持平静。话虽如此，但如果你在对方感到沮丧的时候开始练习保持平静的技巧，可能会让情况变得更糟。你不仅要做到冷静务实，也要坚定而不粗鲁。尽管在当时看来可能并非如此，但从长远来看，你也会获得更多的尊重。

如何摆脱被他人操纵

操纵是触发讨好型人格的另一个诱因。健康关系的一部分就是所谓的"社交影响"。在一段关系中，一个人由于互让的原因会影响另一个人。比如，人云亦云地追随新潮流或参加派对等。

操纵是一个人对另一个人的影响方式之一，有的人会操纵别人为自己牟取私利。当我们无法区分社交影响和操纵之间的界限时，就会出现问题。当我们觉得需要讨好别人时，我们甚至意识不到二者之间的界限，只希望自己能够让别人开心。

在你学会不再任人摆布之前，最重要的是要学会意识到自己何时被操纵。善于操纵他人的人有以下几个关键的个性特点：

- 操纵者有过一系列复杂的个人问题和经历。这会让他们的性格变得忽冷忽热，可能他们上一秒还是天使，下一秒就变成了恶魔。

- 他们善于发现他人的弱点。

- 他们发现你的弱点后，便会利用你的弱点为自己牟取私利。

- 他们有能力说服你放弃某些东西，用以改善他们自己的处境。

- 一旦他们成功地操纵了你一次后，便会长此以往，直到你强迫他们改变自己的行为。

- 操纵者善于利用你的内疚感和讨好他人的需要。

一旦你知道谁是操纵你的人，也发现他们利用你来牟取私利，便可以通过以下方式应对。先是要与他们保持距离。你无法改变他们的行为，他们的极端情绪也不利于你的情绪健康。

但是，如果你必须与操纵者打交道，尽量确保自己与操纵者以外的其他人共同处于这个环境中。当有其他人在场时，操纵者不太容易利用你。这也意味着你处在一个安全的地方，他们不会生气或咄咄逼人。在某些情况下，最好记录下他们做出的所有不当行为。

通常情况下，如果你遵循以下原则，便能轻松摆脱对方的操纵技术：

- 记住自己的界限，你有权表达自己的个人意见和想法，也有权优先考虑自己的需求，有权没有内疚感地说"不"。

- 操纵者丝毫不会尊重你的界限，因此你要更坚定地说"不"。不要觉得自己需要向对方道歉，但依然要保持基本的礼貌。昂首站立，大胆与对方进行眼神交流。

- 向对方提出同样的要求。询问他们是否觉得自己的要求听起来是正当或合理的。反思自己能从这样的要求中能获得什么，以及你对此是否有发言权。虽然他们非常清楚自己是在操纵你，但如果你对他们提出同样的要求，他们会意识到你识破了他们的手段。

- 这种情况不是由你造成的，所以不必指责自己。相反，问问自己对方是否尊重你，你们的关系中是否有互让的关系，以及他们的要求是否合理等，借此来坚定自己的立场。

- 如果需要的话，花点时间回应对方的要求。诸如"我稍后回复你""我会考虑的"之类的表述让你有机会从这种情况中抽身，进而思考对方对待你的方式给你带来的感受。

操纵者利用我们想要讨好他人的需要。他们知道我们即使不开心，也会照做。他们与真正的朋友不同，真正的朋友会为了我们能够受益而影响我们去做一些事情，例如向我们推荐一家他们认为不错的新餐厅。而操纵者会想方设法迫使你去某家餐厅，尽管他们知道那里的食物很难吃，但因为他们的朋友是那家餐厅的老板，他们想照顾其生意。

我们可以尽最大努力让操纵者远离我们的生活，但他们的存在是无法避免的。因此，我们必须学会如何识别操纵者和防止被他们摆布。

与烦扰你的人打交道

在研究烦扰者时，我回顾了美国知名作家拜伦·凯蒂（Byron Katie）关于"三种事"的论述，获得了一些有趣的发现。这个词经常被用来解释世界上的苦难，但也经常被用来分析我们如何越过更多的界限，干扰别人的事情。

第一种事是我的事，即我选择以某种方式管理我的生活的决定和原因；第二种事是你的事，也就是你选择的生活方式和行为举止；第三种事是自然的事，指的是气温、天气、我们无法控制的灾难以及世界上的美好的自然风景等。

有些人无法恪守自己的事和他人的事之间的界限。你可以认为他们是打扰别人的人、爱管闲事的人。但从本质上说，他们干扰了你的事，并因此而跨越了你的界限。但烦扰他人的往往都不是咄咄逼人的人，也不想操纵你。另一方面，当你说"不"时，他们可能会想知道你为什么会这么回答。他们可能认为他们知道什么才是最适合你的解决方案。以下是一些打扰行为的示例：

- 你的父母想让你去参加你表姐的婚礼，但你和表姐多年未见，你也不喜欢她。当你拒绝了父母后，他们更想知道什么事情比这件事情更重要。

- 你的领导希望你承担额外的工作，但你已经无法应付现有的工作了。你解释说自己无法负担额外的工作，但他们想要让你找到方法合理地利用自己的时间。

- 你的朋友想要介绍你认识一位他们认为你会喜欢的人。

在上述情况下，你不必认为自己必须给出理由证明自己为什么不想做某事。简单地告诉对方"我有我的计划"或"我没有空"就够了。如果你愿意的话，也可以给出替代方案，随后转变话题。

如何应对陌生人的打扰

当你不认识某个人的时候，你甚至会觉得他们提出的一些基本问题也会让你感到被打扰，这取决于你设定的界限。即便当有人问了一个你不愿意回答的问题时，也不要说"管好你自己的事情"之类的话，因为这类话听起来咄咄逼人。

但是，以下的几种方法能够帮助你回答你不想回答的问题。

- 淡化这个问题。如果有人问你多大了，你就告诉他们自己还年轻。

- 让对方知道你不喜欢听到某些类型的问题。比如，"我不喜欢讨论政治"。

- 把话题转回到他们身上。比如，"我想更多地了解你"。

- 找到他们提出这些问题的原因。如果有人问你去法国度假的事，你就问问他们是从哪里听说的。你可能会因此发现你们有一位共同的朋友，这样你们就可以更轻松地讨论这个话题。

- 如果对方坚持他们提出的问题，请毫不犹豫地告诉他们你的感受。让对方知道你感到不舒服或有压力。注意用第一人称回答所有的问题，用"我"来回答。这是一个非常好的习惯，能够让对方更了解你的界限，还能够让对方意识到你对此类问题的感受。当你回答"问别人年龄是不礼貌的"之类的话时，并没有清楚地告诉对方你对该问题感到不舒服。

至此，我不免要强调一下，在学习应对他人的反应时，最重要的是要始终牢记你无须对他人的感受和反应感到内疚，也不要认为自己可以控制他人的感受和反应。你要明白自己的界限在哪里。很多时候，应对他人的反应实际上就是让对方明白你的界限在哪里。如果你能够始终保持坚定而冷静，并使用本章论及的方法在各种情况中保持平静，情况也会有所好转。

我们学习了如何应对他人的反应，是时候思考如何处理自己的反应。在下一章中我们会讨论一个全新的话题。我们已经花费了足够多的时间来解决问题，是时候根据你对自己的了解建立新的、积极的关系了。

第七章

如何表达自己以及如何
建立真诚、牢固的友谊

CHAPTER 7

不可否认的是，朋友是我们生活中不可缺少的一部分，朋友也扮演了很多重要的角色。朋友可以成为你童年记忆的纽带，也可以成为见证你长大的人。你们可以分享好的、坏的，甚至丑陋的事情。朋友可以陪你一起笑出眼泪，也可以在你伤心的时候安慰你。

真正的朋友不会让你生气，反而会让你冷静下来。他们还会告诉你，你何时需要为自己挺身而出。那些了解你的朋友会给你一些对你的生活最有帮助的建议，但不会主导你的生活。

在高中的时候，你是否会认为你的朋友会陪你度过余生？或者在某个时期，你认为成功取决于你的社交圈子有多大？

但是，随着我们的成长和改变，我们的友谊也会发生变化。逐渐地，我们可能各奔东西，也可能各自结识了新的朋友。

你可能已经审视过自己现阶段的交友圈，也意识到并非每个人都可以被视为自己真正的朋友。或许他们不希望你学会如何摆脱内疚感和讨好他人。更糟的是，你发现有些朋友为了他们自己的利益而操纵你。但不用担心，每当我们尝试新的体验，都会创造一些结交新朋友的机会。你可以利用这样的机会，结识喜欢你、尊重你的朋友。

学会自豪地表达自己

如果你能到达这个阶段，你的生活会变得非常美好。你的界限和目标不仅会让你快乐，还会激发你的动力，你对生活的态度也会因此变得更加积极。这种积极的态度就像一块磁铁，会把一些人吸引到你的身边，让你更容易结交到新的朋友。

在你能够自信地结识新朋友之前，需要学会表达自己的想法和观点。值得高兴的是，你已经了解了真实的自己。接下来，让我们进一步塑造自己的个性，这样你就能够改变讨好型人格了。

表达自己的新想法不仅是说出自己的想法。在这一点上，虽然表达自己的观点是一件值得肯定的事情，但千万不要因此而变得固执己见。要记住，虽然你有权发表自己的意见，但其他人也有权发表他们的意见。意见不一致并不意味着你们不会发展出一段长久而美好的友谊。

每个人都会有一些独特的经历，表达自己正是分享这些经历的好机会。即便是那些可能让你感到尴尬的情况，比如社交失礼等。认识新朋友便是一个彼此分享的机会。

我喜欢把各种体验想象成乐高积木。我们每尝试一样新事物就好比得到了一块乐高积木。看一部新上映的电影，去一家新开的超市，去一个陌生的城市旅行等，所有这些体验都可以算是赢得一块乐高积木。一旦你开始拼搭积木，也就逐渐形成了自己的个性。随着时间的推移，你拥有的体验也会随之增多，便可以用你的乐高积木做更多了不起的事情。

形成自己的个性也与个人的外表有关。除了穿你认为大众会喜欢的衣服，你有多久没有穿上自己喜欢的破洞牛仔裤和靴子了？剪个自己喜欢的发型，穿上自己觉得舒适的衣服。别人怎么看你并不重要，重要的是自己的感受。

当你想要自信地表达自己时，要注意以下几点：

- 你会成为别人效仿的榜样。他们会感受到你是多么自由自在，并开始更有信心地去做同样的事情。你会一时间成为潮流的引领者！

- 按照你认为得体的方式表达自己。你没有伤害任何人。你的想法和意见可能会让一些人感到惊讶。如果有人不同意你的看法，你可能也会因此感到不舒服，但不会有更糟糕的事情发生。

- 当你第一次开始表达自己时，有些人可能会感到震惊，但也会逐渐适应。

- 如果你想被别人听到，就必须大声说出来。不要错过想要表达自己的那个时刻，否则你会为没有表达自己而懊恼。

- 请记住，你不必每次都做到完全正确。很多人发现自己处于无法表达自己的境地。所以你要集中注意力，重新专注于你想说或想做的事情。

- 一步一个脚印。从小事做起，随着自信心的增强，你将能够更自信地在其他人面前自信地表达自己。

当我太害羞时，该如何让别人了解自己的爱好

这对很多人来说太难了。我有一个客户，她20岁出头，喜欢绣十字绣。她非常有耐心，甚至能根据自己的照片绣出美妙的图案。但她过于害羞，不敢把自己的作品展示给任何人看。她的家人很好地帮助了她。家人把她最得意的十字绣作品装裱后挂在墙上。这样她就不需要主动展示她的作品，只要有客人到她家，就会看到这幅作品。

社交媒体也能提供很大的帮助。你可以拍下自己的各种作品，并把照片发布到网上。你不必发表任何文章或评论来告诉网友这些是你的作品，只是让他们欣赏这些作品。

一旦你开始因自己独特的爱好而受到称赞和赞美，你就会更加自信地向他人展示你的爱好。

如果你想尝试穿一些与自己风格不同的衣服，这条理论也同样适用。如果你看到一件与自己以往风格不同的新衣服，但你又非常喜欢它，就把它买下来。刚开始的时候只是在家里穿穿，为自己充满信心地穿这件衣服出门打下基础。

然后，你可以穿这件衣服去超市逛逛。再穿着它与朋友和家人一起去参加社交活动。通常情况下，我们会对自己的穿着感到局促不安，但这种情绪会把别人的注意力吸引到自己身上，而不是衣服本身。

如何自信地分享自己的观点

你需要对自己的观点充满信心。如果你想分享自己针对某一社会话题的看法，你需要先核实相关的事实，确保自己足够了解想要分享的内容。记下一些观点，观看一些其他人就该话题分享观点的视频，并注意他们是如何表达自己的观点的。

一旦你觉得自己对这一话题无所不知，就和朋友讨论这个话题，练习表达自己的观点。记下讨论过程中，哪些方面聊得比较顺利，哪些方面可以改进。有必要的话，讨论结束后重新构思自己的观点，研究更多相关的内容。

每次练习时，都要逐步提高练习的难度。比如，下一次可以和两三个朋友一起讨论，再下一次就是和全家人一起讨论等。当你扩宽了你的舒适区后，便能够更加自信地谈论自己的观点和想法。

如何在公共场合自信地演讲

公开演讲是很多人的噩梦。公开演讲的时候，我们必须表达自己的想法和意见，并希望所有的观众都能够支持我们的想法和意见。我们过于在意他人的看法，所以头脑中充斥着焦虑，担心会发生可怕的事情，以至于无法专注恰当地表达自己的观点。如果你能够做到以下几个要点，便能在公开演讲时自信地表达自己的观点：

搭配好自己的着装

你一定不想演讲时衬衫湿透，也不想穿着短裙在舞台上弯腰。这些情况会加剧你的担心和焦虑。所以，你要穿一些能够让自己感到自信、舒适和得体的衣服。

记下你想说的要点

切忌把自己想说的全部内容记下来，这样会变成照本宣科而不是在做演讲。在提词卡片上写下你想说的要点，能够让你专注于自己演讲的内容，也能让你更加自如地自由发挥。

改变自己对观众的看法

在座的观众可能是你们公司的潜在投资者，但如果你专注于这一点，只会让自己更加紧张。你可以想象自己正在与一群老朋友聊天。面对一个20人的群体做演讲会令人害怕，但如果你想象自己在与每个人交谈，则可以减轻与整个小组对话的压力。但你要确保不是在整个演讲的过程中都只盯着同一个人，因为这可能会让对方感到不舒服。

四处走动，不要一直站在同一个地方

演讲过程中四处走动不仅能够让你充满活力，还有助于吸引观众的注意力。如果台下的观众不感兴趣地盯着你看，一定不会缓解你的紧张。

手握一件可以缓解自己紧张情绪的物品

每当我必须要在公共场合演讲时，我总会戴一枚戒指。如果神经太过紧张，我会用拇指推动我的戒指。这样的做法既不会分散观众的注意力，也确实能够帮助我缓解紧张的情绪。有时候，手里握一支笔也会有同样的效果。

在公共场合演讲的好处在于，每次演讲完之后你都会觉得演讲更容易一些，也会产生巨大的成就感，尤其是当有人称赞你的演讲，甚至是就后续的问题咨询你的意见时。

形成自己独到的见解不是一个一蹴而就的过程，你的每一次经历都会让你更加充实。因此，你要尽可能多地尝试新鲜事物。这就是为什么独自旅行如此重要，因为它能够激励你去做一些自己害怕的事情。

给过去的自己写一封告别信

如果你想要培养勇敢表达自己的个性，给过去的自己写一封告别信是一个非常不错的办法。在信中，可以回顾一下自己过去的美好时光，感激自己所学到的一切，并解释为什么是时候继续前进了。

你可能认为这是一个无知的行为，但当写完这封信并以全新的身份签字时，你会体会到一种巨大的解脱感。诚实地表达自己的感受，毕竟，没有人会知道你曾给过去的自己写信。

如何在不需要讨好他人的情况下交朋友

如今，你已经能够与你遇到的人建立平等的关系，你们可以分享彼此的感受。你同意某件事，不是因为不想失去某个朋友，而是因为你知道每个人都可以有自己的看法。你们不需要喜欢同样的东西。你要设定自己的界限，获得他人的尊重。以下几种方法能够有效地帮助你在无须讨好他人的情况下用你的善良吸引朋友。

- 发起对话。主动发起对话能够充分证明你的自信，也有助于帮助你克服最初几分钟的尴尬。

- 当他人说话时，你要微笑示意并真正对对方所说的话感兴趣。

- 避免谈论可能产生争议的话题。

- 提出一些在界限内的独到的问题。想想当你被问到这些问题时你会有什么感受，如果你觉得舒服，那么其他人也可能会觉得舒服。这也是引出新话题的好方法。

- 发现你们的共同点。虽然你们可能去过许多不同的城市，但这些城市也可能有它们的共同点。即便你们喜欢不同的歌手，但这些歌手也可能参与过同一场演出。

- 使用开放式的肢体语言。比如双脚交叉但不要双腿交叉；尽量不要双手背后；确保双方有足够的眼神交流，但时间不要过长；等等。

- 不要对他人做出评价，而是发自内心地赞美他们。

- 善良。善良意味着你要与他人共情。仔细聆听他们所说的话，理解他们的感受。

- 做一个积极的人。你很容易把注意力集中在一天中经历过的消极方面，但我们仍然可以谈论许多美好的事情。如果你是一个乐观的人，就会吸引更多的人想和你交朋友。

- 不要拿自己和他人做比较。他们可能获得了某个学位，而你没有；他们可能非常富有，但你并不富有。所以，你要像欣赏自己的独特性一样，认可他们的独特性。

- 制订计划并坚持自己的计划。比如，提议下次碰面一起喝咖啡。在双方充分了解彼此的喜好之前，尽量挑选一些较为平常的活动。

当我们非常渴望结交朋友时，尤其是我们刚刚认识了全新的自己，我们的行为有时候会过分热情。这不是个性的原因，而是我们急于想要给人留下深刻的印象。就好比我们正在推进自己的某项实验时，迫不及待地想要看到成果。我们不需要刻意给别人留下深刻的印象，他们更喜欢我们自然的表现。

最后，相信你的新朋友。我们可能受过伤害，也可能会因为信任了一些不应该相信的人而责备自己。但这些都已经成为过去，我们无法改变过去。你仍然需要保护自己，同时信任你的新朋友。

如何建立一段持续一生的牢固关系

当你和朋友建立了彼此信任和尊重的核心基础后，是时候培养一些新的习惯了。这些习惯将使你们的友谊变得更加牢固，也能够应对日后出现的任何问题。

本书已经论述过了许多关于建立一段牢固的关系的内容，比如你的界限以及你愿意或不愿意做的事情。你不需要和你的新朋友坐下来进行一场关于"界限的谈话"，因为这样的做法有点奇怪。但是，随着关系的深入，你有必要坦诚地说出自己的界限。如果你的新朋友没有意识到你无法忍受别人摆弄你的车载收音机，他们会一直这样做。

这一切都归结为沟通，或者更具体地说，要归结为有效沟通。大多数人认为他们擅长表达，却忘记了倾听的重要性。事实上，有效沟通更多地强调的是倾听，而不是表达。以下是有效沟通的几条原则，你要确保自己能做到。

清晰。你沟通的目的或目标是什么？如果你表达得足够清晰，对方就不必妄加猜测。

简洁。尽量切中要点。没有必要拐弯抹角或不断重复自己说的话。

具体。能够通过恰到好处的细节和事实来传达信息。

正确。显然你想要确保你说的都是正确的，但此处所说的"正确"也要求你要调整自己的交流以适应与你沟通的人。如果你的朋友是一位外国人，那么你就需要用一些简单的词汇或避免使用一些较为复杂的表达方式。

有条理。你是否曾经遇到过经常改变话题的人，你根本来不及回答他们的问题。谈话也会因此变得毫无逻辑。尽量保持你们的对话合乎逻辑。

礼貌。我们都要保持礼貌，不要攻击或挖苦别人。

完整。确保你所传递的信息是完整的。破坏一段关系最快的方法就是沟通不畅。这会让双方因一些小事而产生误解，继而被夸大其词。如果你觉得自己误解了什么，请立即询问朋友。把误会解释清楚，以免破坏朋友之间的和睦。

接下来，我们谈谈几种有助于建立长期朋友关系的方法：

求同存异

拥有真诚友谊的最大好处是，你不必隐藏自己对某件事情的感受和看法。与其讨好别人并认同所有事情，不如和朋友在某些事情上能够求同存异。

参与朋友的对话

我们或许都会承认，我们的生活中不止一次出现过这样的情况，我们对他人谈论的话题并不真正地感兴趣，所以就开始心不在焉。为了建立和谐的朋友关系，参与朋友的对话很重要。向他们提出问题，看看是否能稍微激发起自己的兴趣。人们都希望被认可，希望他人觉得自己很重要，这就是我们所谓的互谅互让。

努力共度美好时光

你们应该一起做一些双方都喜欢的事情，不要在共处的时间里被其他的工作或活动分散注意力。同时，请确保你们不是一直黏在一起，因为彼此都需要一定的空间。

帮忙和制造惊喜

帮忙是支持朋友的好方法。只要你能够在想拒绝的时候说"不"，帮朋友的忙与塑造新的自己就不会矛盾。制造惊喜是向朋友表明他们很重要的一种有意思的方式。你可以观察他们一段时间内常谈论的事物，送一个相关的礼物给他们，如一本新书、演出门票等。这样的礼物足以证明你倾听了朋友所说的话，也能证明你很了解自己的朋友。

相互支持

不能只是言语上的支持，行动上也要支持朋友。支持朋友意味着你在他们需要你的时候倾听他们，当他们需要鼓励的时候，你会给他们一个温暖的拥抱或拍拍他们的肩膀。支持也意味着你会支持他们追求自己的目标。如果他们想从事新的职业或追求新的爱好，你也会一直陪在他们身边。

一起创造新的体验

不要依赖你的朋友去做新的事情，因为独自尝试新的体验是个人成长不可或缺的一部分。但你也要时不时地与朋友一起安排一些新的活动。最好能列出一个你们想要一起尝试的事情的清单，并设定一个目标，在某个特定的时间内完成这些事情。

建立朋友关系并不难，至少不必太过刻意。并不是每一段友谊都能天长地久，因此也不必强求。只要你们能保持顺畅的沟通，就会发现你们未来的关系会很稳固，或者知道什么时候该保持一定的距离。

克服友谊中的问题

任何类型的关系都会免不了出现这样那样的问题。但这并不表示你们的友谊注定不会长久，这只是意味着你需要付出一些额外的努力。友谊也会由于其他的人际关系而发生一些变化。我们都曾经历过，当朋友开始一段新恋情时，往往会忽略他身边的朋友。一群朋友的关系也可能发生变化。

地理位置可能会影响朋友关系。如果一个朋友不得不迁居到其他城市，甚至是同城的一个新地方，就可能会扰乱你们习以为常的生活。

另外，工作、生活的忙碌会致使我们都没有那么多的空闲时间，新的爱好也会使我们的兴趣发生变化。

上面提到的问题都不是某个人的过错，只是生活中的一个现实：我们必须适应环境的变化。朋友关系的变化会让我们生气、嫉妒或紧张。恰恰在这样的时候，我们更不能让负面情绪破坏我们的人际关系。相反，你要和你的朋友谈论正在发生的事情，讨论你们的感受，互相倾听，看看双方能否一起想出解决问题的办法。

如果你仍然感觉有些事情让你生气或内心受到伤害，则要花些时间，也要保留一定的空间。这能让双方都有足够的空间从另一个角度看待事物。写日记是一种不错的方法，能够让你表达自己的感受，获得一些新的想法。

永远不要责怪别人，也不要接受他人无端的责怪。除非你们中的某一方真的做错了什么事情，否则推卸责任的行为是没有意义的，它只会引发消极的情绪。如果你做了一些破坏友谊的事情，那么请你为此负责并道歉，可能这才是你的朋友想听到的内容。朋友关系是生活中最重要的人际关系之一，并且在许多时候，当你的伴侣或家人需要帮助时，你的朋友也会支持你。所有的友谊都应该建立在信任、尊重和界限之上。没有人必须为了友谊而妥协自己的界限，相反，每个人都需要被鼓励表达自己的界限。

在友谊的各个阶段和各个层面，沟通都是必不可少的。有效沟通需要倾听和交谈，需要双方都表达出自己的观点，需要从一开始就不隐瞒真相，这也为友谊的持续奠定了基础。

现在，不要只关注友谊，要把注意力转回自己身上。让我们学习如何在与人相处时变得更加自信，这样我们就可以获得我们想要的东西，而不会冒犯他人或让他人觉得自己粗鲁。

第八章

如何为自己挺身而出：
8 种建立自信的技巧

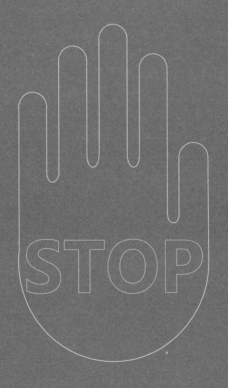

你有没有听过这样的说法，"为人友善是需要付出代价的"。对于讨好型人格的人来说，甚至可能需要付出更大的代价。他们生活中很大一部分时间都在关注他人的需要，反而忽略了自己的需要。加之不会真正地表达自己，人际关系往往也浮于表面。

当我们感受到为人友善带来的代价时，便会感到不安。即使他人伤害了我们的感情，我们依然会对人友善，因为我们不想伤害他人的感情。在社交环境中，为人友善可能导致他人不会考虑我们的意见或需要。在工作环境中，为人友善可能使我们无法对抗他人的消极行为。

但我们依然想要为人友善！为人友善是人类的本性，也是我们信仰的重要部分。学会对人说"不"并不意味着我们必须不再为人友善。我们的目标是变得更加自信，这样我们就能阻止他人做自己不喜欢的事情或违背自己价值观的事情。只是不允许别人不尊重自己，打扰自己。建立自信的同时依然可以为人友善，不过是在自己的界限之内为人友善。

自信而不咄咄逼人

自信并不意味着你必须要咄咄逼人。话虽如此，但你会遇到一些不知道如何正确地建立自信的人，这些人会以一种咄咄逼人的方式表现自己想要控制他人的需要。为了自己的需要，他们也会有意无意地变成恃强凌弱的人。

但我们不必改变这些人。我们要学习如何在不需要咄咄逼人或支配他人的情况下变得自信。我们不希望利用自信操纵别人为自己做事情，而是坚持自己的信念、理想以及那些生活中能够让自己快乐的事情。

自信对我有什么好处

由于我们过分担心别人的感受，很容易忽略自信的好处。自信是加强沟通的有效方式。如果你能够在对话中显示出得体的自信，双方都能够从对话中受益，而不会在此过程中受到任何伤害。

当问题以一种非侵略性的方式得到解决时，双方都不会感受到过多的压力，谈话也不会因此陷入僵局。在工作场合中尤其如此，你必须能够正确地处理问题，才不会影响工作场所的其他人的工作效率。

自信能让他人更重视你。自信给了你一个可以表达自己真实感受的机会，其他人也不会因此而怨恨你。当别人意识到他们可以相信你的诚实时，便更容易建立信任的关系，这对你的个人生活和职业生涯都至关重要。

虽然第一次表达自己的观点时，你可能会觉得没有十足的自信，但依然会让别人觉得你有足够的自信来捍卫自己认为正确的东西。这会使其他人认为你是一个自信的人，也能极大地帮助你增强自信。

如何变得自信

自信需要信心和勇气。所以，想要变得自信并不容易，必要的时候你要换个角度，从对方的角度看待问题。假设你的某位朋友从不关心你周末想做什么。虽然他是你的好朋友，但他从未意识到他对你的影响。

在这种情况下，如果你表现出自信，其实是在教他们如何考虑你的感受和想法，成为彼此更好的朋友。反过来，这样的做法也使你们的友谊更加牢固。

与其尝试弄清楚自信和咄咄逼人之间的界限，不如学习如何使用有效的方法提升自己的自信。

提升自信的方法

1. 明确知道自己想要什么

如果你不确定自信地与对方交流的目的，也就很难清晰地传达信息。只专注于一件事情进行交谈，而不是列出一份涵盖了所有你想要讨论的话题清单。比如你不喜欢别人和你交流的方式，那么你们应该就此讨论和做出改变。又如有人占用你太多时间，那么你们应该就这一点进行交谈。

2. 使用第一人称说话并注意频率副词的使用

还记得我们学过如何与打扰别人的人打交道以及使用"我"这个词的重要性吗？当我们想要变得自信时，同样也需要这样做。不要泛泛而谈，使用诸如"在这种情况下，我感觉自己不被尊重"之类的表达可以准确地告诉对方自己当下的感受。这样的表述能够让你避免用"你"开头，说出冒犯对方的话，这只会加剧当时的情况。

此外，你还要尽量避免使用"总是"和"从不"这样的词。看看这两个句子之间的区别：

- 我感觉自己不被尊重。

- 你从不尊重我。

第一句清楚地表达了你的感受，而第二句则带有很强的个人色彩，也会引起对方的防御反应，双方的情绪会使大家忽略实际需要解决的问题。

3. 牢记问题是什么

当我们自信时，我们希望对方意识到他们的行为会如何影响我们，这与他们是谁毫无关系。我们无法改变对方，但我们的目标是要改变对方令人心烦意乱的行为。

当谈话的重点关注的是对方的行为而不是对方的人时，就不太可能引起对方的防御反应。防御反应会使谈话变得情绪化，也会使谈话变得毫无建设性。

4. 牢记自信的"3C"原则

你对自己处理负面行为的能力充满信心（confident）。你所传递的是经过深思熟虑的、明确的（clear）信息。你能够以冷静的、克制的（controlled）方式与对方交流。

为了使你的自信能够体现"3C"的特征，请务必提前准备好你想说的话。

5. 专注于你的语言行为和非语言行为

与诸如"我相信我们可以以不同的方式看待问题"之类的陈述句相比，当我们使用诸如"那是行不通的"之类的表述就会被认为是所谓的攻击性的语言行为。自信意味着你依然倾听和重视对方所说的话，但你可以提出开放性的问题，因为这会鼓励双方进一步交流，使用一般疑问句只会使双方终止交流。

我们的非语言行为包括站立的姿势、眼神交流以及坚定、清晰的声音。不进行眼神交流或过于安静都会表明自己的被动。另外，如果你大声说话，并不断打断别人说话、盯着别人看则会被认为是咄咄逼人的表现。

6. 不要闲聊或绕圈子

你所传递的信息应包含以下三个具体的要点：

● 说明对方令你不满意的行为，但不要责备或评判。

● 说明这样的行为给你的感受。再次强调，要使用第一人称"我"开头的句子，切勿使用以"你"开头的句子。准确地告诉对方你的感受，所以在开始谈话之前你要找到适当的措辞。这样对方便能准确地明白你的真实感受，而不是大概理解。

● 说明对方的要求会导致哪些后果。也许结果是你不得不让对方失望，或者你无法履行自己的责任。对方可能对这个问题太过执着，所以没有意识到自己的行为会给其他人带来哪些潜在影响。

7. 给对方说话的机会

有时，你只需要明确地表达自己的观点，其他人便会从你的角度看问题。当然，对方有时候可能需要一点时间来思考。

如果你继续喋喋不休，那么你可能无法听到对方的回应，你的自信可能也会变成冗长的抱怨。对方需要时间来反思自己的行为，然后才能采取后续的行动。在理想的情况下，双方可以从这里开始，共同寻找最合适的解决方案。

8. 写日记

每次你坚持自己的主张时，都可能会得到不同的回应或反应。因此，记下自己所有的经历或许是个不错的方法，这样你就明白哪些方法对自己有效，哪些无效。你也能因此明白，自己在哪些方面做得不错，哪些方面的技能需要提高。

练就自信的行为需要时间和耐心。如果你第一次没有做好，也不必担心，更不用对自己太过苛刻。回顾那些你成功地树立自信的时刻，并记下所学到的东西，以此来提升自己的信心。

如何练习变得自信

在真正面对别人的反应之前，人通常都想提前练习如何变得自信。但想要变得自信不是一件容易的事情，直到你真正去面对不快乐的情况，或者你觉得自己的界限已被跨越。

有一种非常有用的方法：模拟不同的情景，练习在不同的场景中你会说什么。这有助于你更快地知道应该说什么，并在真实的情景中给你更多的信心。

我们来分析一下在哪些场合中，我们有必要表现出自己的自信，以及哪些行为是被动的行为、哪些是咄咄逼人的行为。此外，你还需要思考在每种情况下自己不喜欢哪种行为，这种行为给你带来了什么样的感受，以及对方的行为会导致什么后果。在脑海中，甚至在镜子前预演自己的对话，以便更好地了解自己的肢体语言。

如果有人在你面前插队，你会怎么做？

被动的行为——什么都不做，或者翻个白眼。

咄咄逼人的行为——在商店里大闹一场，让所有在场的人都了解插队的人的错误。

自信的行为——告知对方下一位是你，并建议他们到队列的最后排队。

如果同事将性别歧视话题当笑话来谈论，你会怎么做？

被动的行为——脸红，尽量避免眼神交流，笑一笑，以免感到自己被冷落。

咄咄逼人的行为——指责他们，并向领导投诉。

自信的行为——提醒他们谈论这个话题不太合适，再说一个恰当而有趣的笑话。

如果你的朋友反复迟到，你会怎么做？

被动的行为——告诉他们没关系，他们也没有迟到多久。

咄咄逼人的行为——离开且不告诉他们你已经走了。

自信的行为——提醒他们你很忙，并询问他们是什么重要的原因导致他们无法按时到达。

如果你的亲戚不断冒犯你，你会怎么做？

被动的行为——避免参加一切家庭活动。

咄咄逼人的行为——回击他们。

自信的行为——指出这些冒犯的行为非常粗鲁。

如果餐厅的服务人员上错了食物，你会怎么做？

被动的行为——依然会吃下去。你认为这是无心之过，毕竟他们都很忙。

咄咄逼人的行为——在网上留下负面的评论，抱怨服务人员糟糕的服务。

自信的行为——向服务人员解释这不是你点的食物，并礼貌地要求他们重新送来正确的食物。

你会惊讶地发现，在现实生活中有些人想要提升自信，却用错了方法。甚至电视中出现的场景也会让你思考如何更好地处理某些事情。从其他人的经验中汲取灵感，并以此寻找让自己变得自信的新方法。

自信需要一些核心技能。与他人交流时要谨慎措辞，不要谈论这个人，而要谈论他的行为。你需要保持冷静和坚定，挺直腰板，保持眼神交流，无须提高说话的音量。

如果对方出于某个原因而变得生气、无礼，甚至咄咄逼人，你要明白这时解释毫无用处，你需要先走开，再找其他时间解决这个问题。继续谈话没有任何意义，因为当对方头脑发热时，他无法理解你想表达的任何观点。所以，给对方留一些冷静的时间，但要有勇气在适当的时候重新解决悬而未决的问题。

在理想的情况下，这个时候你需要抓住机会练习自己的沟通技巧。就像生活中的许多事情一样，重要的是你要做好准备并知道自己想说什么，而实践是取得进步的最有效的方式之一。如果你觉得事情没有按照自己的预期发展，便可以使用"我稍后再回复您"之类的方法，因为这能够让你有足够的时间重新整理自己的思绪。花一些时间思考如何用不同的方式解决当下的情况比放弃要好得多。

如果你的举止得当，没有人会认为你自信的行为是不当的。他们会认为你足够勇敢，能够捍卫自己的权益。人们会因此而尊重你，喜欢你，所以永远不要因为自信而内疚。

第九章

故障排除指南：如果什么方法都不管用，该怎么办

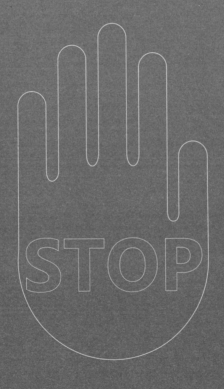

阅读完前文，你已经学会了一些在不冒犯他人的情况下有效地说"不"的方法。即便你还没有将前文中的所有方法付诸实践，但可能已经在工作中感受到了其中一些方法带来的好处。

也许你还没有看到预期的效果或没有感受到任何效果，但这并不意味着你无法改变讨好型人格，只是意味着你依然在实现这个目标的过程中。

也许你在实践本书方法的前一两个星期发现生活中已经出现了较大的改善，但后来几个月可能一无所获。这会让你感觉很困难，因为这会打击你继续前进的动力。

当你无法看到效果时，想想"不"这个词已经困扰你很长时间了，可能会有所帮助。从蹒跚学步开始，很多孩子听到的第一个词就是以"不"开头的，这也是他们经常听到的词。他们去碰炊具时，会听到"不行"。他们把某样东西放到嘴里时，会听到"不行"。然而，当孩子说"不"时，有的父母会觉得孩子不听话。当孩子拒绝上床睡觉时，有的父母会认为孩子是在试探自己的界限，便会因此而训斥小孩。

在少年时期，父母会教导我们，要对同伴的压力说"不"。但也会告诉我们要有礼貌，要乐于助人。有时，"不"在社交场合中可能会变成一种粗鲁的行为。

问题的关键在于，无论你有20年、30年还是50年的生活经历，"可以"和"不"这两个词对你成为什么样的人都会产生重大的影响，改变自己的行为需要时间。在你开始担心什么方法都不管用之前，请记住要稍有耐心，不要对自己太苛刻。

故障排除1　没有意识到问题的严重性

即便你十分认同本书中的内容，但你依然没有意识到自己的讨好型人格有多么严重。你可能认为自己只是为人友善，为他人着想。你需要仔细地分析现实的严重性，逐步摆脱自己的讨好型人格。

- 从长远来看，这对你的人际关系没有益处。最终，你会为了讨好他人而给自己施加压力，别人也会因此而利用你，彼此的关系也会恶化。

- 当你想说"不"又说不出口的时候，你会变得更加焦虑，因为你离自己的目标越来越远。

- 你会因为没有时间独处而倍感压力。

- 你会觉得身心俱疲，继而影响你的饮食、睡眠和心情等。

- 你会面临精疲力竭、抑郁的风险。

上述分析提醒你，讨好型人格不会主动消失，相反，它会愈演愈烈。

故障排除2　目标不明确

我和处于相同情况的客户交谈后发现，问题可能是他们没有足够专注于自己的目标以及自己真正想要改变的事物。他们所设定的目标可能过于笼统，还没有分解成切实可行的步骤。"我要快乐"的目标是一个好的开始，但归根结底，这个目标仍有些笼统，不够个性化。你需要了解如何重新设定自己的目标。

如果你的终极目标是快乐，那就要问问自己需要做哪些事情才能实现自己的终极目标。

- 我想提升自己的事业。

- 我想改善与伴侣的关系。

- 我想有自己独处的时间。

现在这个目标已经被分解成了帮助你获得快乐的三个理由，你可以将它们进一步分解为若干个容易实现的步骤：

- 我需要参加一些课程来提高某些技能。

- 我需要更善于表达自己的感受。

- 我需要提前安排好时间，以免超额安排自己的日程。

目标对于我们生活的方方面面都至关重要。没有目标，我们可能会无所事事。没有什么能够激励我们想要变得更好，也没有什么让我们为之奋斗。如果你觉得自己没有恰当地规划自己的目标，就回到为自己设定长期目标和短期目标的这个阶段。

最重要的是，要记得修订自己的目标。也许你在一周或几个月后读完了这本书，到那时你可能已经实现了一些短期的目标。所以，每个月都要花时间重新评估自己的目标。

故障排除3 你第一次说"不"的经历非常糟糕

很多人都有过类似的经历。你已经为说"不"做了所有应该做的准备，并且你发自内心地认为自己所做的一切都是对的，然而，对方表现出了很多负面情绪。你被对方嘲笑、训斥，因此你感觉很沮丧。你可能不想再经历同样的事情，也可能觉得不断说"可以"会更容易。

但你要明白，对方的反应不是你的错，你不应该为他们对待你的方式感到尴尬或不安。对方需要为他们的行为负责，且只有他们需要为此负责。你不应该为他们的行为找借口，而应该假设他们遇到了一些个人问题，才引发他们的负面情绪。

试着把为对方找借口的痛苦转换为愤怒。允许自己对自己被对待的方式感到愤怒。然后，为自己的愤怒找到一个发泄口，才能为寻找解决方式做好情绪上的准备。即便你不情愿，也要试着用你刚学到的建立自信的方法再次与这个人打交道。

通常情况下，当对方再次面对自己的行为并且你也给了他们一个回应的机会时，他们会意识到自己的错误，你们也会因此而达成一致。

故障排除4　找不到恰当的措辞

在长时间不表达自己的感受之后，你可能很难找到恰当的词汇准确描述自己的感受，但你依然希望对方能理解你的想法。

　　讨好型人格的人常常无法理解和管理自己的情绪。他们常常逃避对抗，很难理直气壮地表达自己和表达自己认为正确的事情。扩大情绪词汇量有助于你更好地理解自己的感受。

　　无论是让别人知道你的新界限还是为自己发声，在开始对话之前都有必要提前准备恰当的措辞。例如，"难过"（sad）这个词就不够具体，因为不同的人会因为不同的事情而"难过"。你可能会因天气不好、剪坏指甲、支持的球队输球而感到难过，也可能会因感觉自己被冒犯、尴尬或嘲笑而难过。

　　你可以尝试用查询同义词的方式来扩展自己的情绪词汇量，看看是否能够发现可以更恰当地描述你的情绪的词汇。比如：

　　难过（sad）：心情不佳的（out of sorts）、悲伤的（mournful）、后悔的（regretful）、心碎的（heart-broken)等。

　　"out of sorts"表示你因一些不寻常的事情而悲伤，"mournful"表示你因失去了一些东西而难过，"regretful"表示你因犯了错误而后悔，"broken-hearted"则表示你因与所爱的人吵架而心碎。每个词都比"难过"更能让对方理解你的情绪。当你无法明确自己的感受时，在你准备你想说的话时，提前找一些意思相近的词语。

故障排除5　没有人接受你说的"不"

这也没关系！这并不意味着你做错了什么，只是人们不习惯你说"不"，这就需要你再试一次。好消息是你已经成功地说出了"不"，即便最后还是答应了对方的要求，但下一次说"不"就会容易许多。

当你需要再次向第一次没有接受你说"不"的人说"不"时，在对话开始时，你需要提醒他们双方已经为此交谈过了，简单地说一句"我已经拒绝了，因为我没有时间"便会奏效。然后，提出一个替代方案将他们的注意力从最初的计划或想法上转移开，例如把计划改在其他某个晚上或重新安排工作量，以便双方都能满意。

如果对方继续无视你的"不"，那么这个时候你需要变得更加自信，不让对方跨越你的界限，也不必为此咄咄逼人。这可能像调整自己的肢体语言或更坚定地说话一样简单。千万不要害怕再次提醒他们你已经拒绝了，并且你也不喜欢被迫做某事的感觉。你也可以再次重申自己愿意接受其他想法。如果这也不起作用，便可以直接离开，但不要在需要再次沟通时退缩。与其生气或沮丧，不如将其视为一场友好的意志之战。

故障排除6　避免说出"不"这个字

由于我们常常将说"不"与恐惧和内疚联系在一起，因此有些人想要说"不"时会感到异常紧张以至于无法开口，就好比给他们施加了太多的压力，迫使他们说"不"。

我们可以选用一些能够暗示"不"的词语，而不必真的说出"不"这个字。例如，"谢谢您的邀请，但我无法赴约"这样的表述与说"不"有同样的效果，但可以减少你说"不"的压力。

通常情况下，当你感觉到暗示"不"的短语有效果时，便开始有了足够的信心拒绝他人，你也能够因此享受到说"不"的好处。

改变讨好型人格的学习是长期的。但请记住，只有当你确切地知道自己想要实现什么并不断练习时，一切才会变得越来越好。

我们一直在谈论耐心和花时间完成整个过程的重要性，但在某些情况下，你也希望更快地看到成效。为此，在下一章中，我们将为那些希望在短短两周内看到成效的读者制订一份特别的计划。

第十章

如何在两周内停止
讨好他人

较为有效的做法是为每一步都留出必要的时间，无论是两周、一个月还是一年。这让你有时间完善每个阶段，并学习如何根据自己的需要处理各种情况。

如果你需要更快地看到成效，以下指南能够使你更快地摆脱讨好型人格的问题并从第一天起就看到成效。你的目标是能够在两周内自信地说"不"。你可以采取本章列举出的一些方法，并结合前几章中学到的其他方法共同使用。

事实上，本章中所介绍的行动计划是对我们之前所学的内容的总结，当时间紧迫的时候你可以使用该行动计划。最重要的是，你在实践该计划时内心是自在、自信的。

第1天：准备

第1天你需要专注于为说"不"做好心理建设。你需要反思当下的自己，并决定想要在哪些核心方面做出改变。你无须像在第二章中的自我发现之旅中罗列出那么多的内容，因为在短时间内你也无法完成，但你可以列出四件你想要改变的事情和四个要努力实现的新目标。

在第1天的时候，你需要准备一个日记本，记录自己的情绪，记下什么对你是有用的，什么是你想要留待日后尝试的。

第2天：照顾好自己

形成自己的口头禅或在纸上写出一些简单的句子，比如"我不会因为把自己的需求放在首位而感到内疚""我的确应该快乐"或"我是一个善良的人"。提醒自己，只有自己才能控制自己的感受和行为，你无须对他人负责。用积极的思想、自我尊重和自我价值来充实自己。了解自己需要做到哪些事情才能保持身心的健康。根据自己当下的责任，重新制定自己的日程表，重新分配自己的时间。但我建议每天花十几分钟健身、冥想或探索那些能够给你带来新体验的事情。

做出一项能体现自己个性的改变。即使你还没有说"不"，其他人也会因此而认识新的你。换个新的发型就是一个不错的开始，能够向别人表示你的改变。

第3天：分析需要说"可以"或"不"的情况

从你醒来的那一刻到你入睡的那一刻，分析每一个需要自己说"可以"或"不"的情况。并思考自己在这些情况下的感受如何，根据这些感受，决定自己要说"可以"还是说"不"。

分析后，你会发现自己一天之内要遇到如此多需要说"可以"或"不"的情况。其中一些情况你会觉得你想说"可以"，有些情况你也会非常肯定地说"不"，还有一些情况你需要花更多的时间才能决定。这是最快地了解自己界限的方法，但你需要把日记本带在身边，这样便可以在当天晚上反思自己一天的感受。

第4天：停止说"可以"

从第4天开始就切换到说"不"的模式非常困难（但是，如果你觉得自己准备好了，并有说"不"的信心，也可以尝试说"不"）。如果你已不想说"可以"，就不要强迫自己。从第3天开始，你已经知道自己愿意对什么说"可以"，因为对这些事情说"可以"会让你开心。但只对在自己的界限内并且让自己满意的事情说"可以"。如果你不确定是否要说"可以",就告诉对方稍后再回复他们。

第5天：提供替代方案

你应该练习为自己不想做的事情提供替代方案。你可以使用这样的表述："如果我们改为这样做，怎么样？"你没有说"可以"，但严格意义上说，你也没有说"不"。你只是希望对方明白你不想做这件事，但你愿意考虑其他的替代方案，因此对方也不会觉得自己被冒犯。

第6天："三明治法"

你可能听说过有关建设性批评的"立－破－立"的方法，这种方法对于说"不"也同样适用，这是另一种不提到"不"字就能表达拒绝的方式。

你要先强调自己满意的事情，再指出自己不满意的事情，并在最后给出一个积极的解决方案。想象一下，如果你的老板希望你不仅完成项目中你自己应当承担的部分，还需要代替其他生病的同事完成他们应当承担的部分，你可以这样回复：

"我很感激你想到让我来做这件事，虽然我喜欢这个机会，但我担心我无法按时完成两个任务。为了可以全身心地投入这个项目，我今天是否可以请我的助理替我接听电话？"

你的"不"夹在了"谢谢"和解决方案之间，并且这是一个对双方都有利的解决方案。

第7天：重新评估和庆祝

经过一周的努力，情况已经发生了一些非常积极的变化。你已经十分了解自己，也一直在练习为说"不"打基础。即便你可能已经感受到了一些阻力，但没有任何事情再让你感到不安或令你放弃自己的目标。第7天，你需要花一些时间做一些你想做的事情，以此回馈自己前几天的努力付出。此外，你还要花一些时间来反思自己的感受，并为下周做好准备。

第8天：摆脱对被批准的需要

时间一天天过去，我们要开始更加努力，要为自己建造一个更坚硬的外壳。第8天，你要学会即便知道对方的感受，也不会被对方的感受所影响。当你说"不"而对方感到震惊时，这并不意味着你做错了什么。第8天，你要明白你不需要任何人的批准就可以做令自己满意或让自己开心的事情。如果能够抛开获得他人批准的需求，便可以专注于自己真正想要的事物。有些人会因为你的个性而喜欢你，而有些人会因此而不喜欢你。

第9天：找到自己发泄愤怒和压力的出口

你可能已经遇到过一些难以相处的人，并且他们的坚持让你感到无所适从。你可能会发现你的脑海中不停地回放自己与他们的对话，并试图找到一些自己能够改变的事情。

从第9天起到与这些人再次见面之前，你需要学会如何排解自己的愤怒、压力和焦虑。你可以试着用大喊、尖叫、游泳、跳舞、唱歌、画画或写日记等方式。尝试任何可以让自己平静下来的做法，在不受情绪干扰的情况下，重新思考解决方案。

第10天：调整人际关系的平衡

第10天，你已经开始感觉到自己能够更自信地表达自己的真实感受。在友好的前提下，与亲人谈谈自己想要对生活做出哪些改变，并解释目前做哪些事情会让自己感觉很舒服。同时，你也要提醒他们：你爱他们，也希望彼此之间的关系更加牢固，但正因为如此，你需要开始把自己的需求放在第一位。

第11天：不做任何解释地说"不"

在第11天，要学会简明扼要地说"不"。礼貌地拒绝对方，感谢对方的邀请或提议，然后解释说自己没有时间。如果对方因此而质疑你或越过了你的界限，问你为什么拒绝，你可以向对方道歉并告知对方：解释原因会令自己觉得非常不舒服。确保自己的肢体语言既不被动也不咄咄逼人，并为自己成功地维护了自己的意愿而感到自豪。

第12天："坏磁带法"

第12天，你可以通过"坏磁带法"来增强自己的自信。顾名思义，"坏磁带法"就是让你像录音机里卡壳的坏磁带一样不断地重复自己说过的话。如果有人要求你做一些你不喜欢做的事情，你可以这样回答："不，谢谢，我已经有别的安排了。"他们可能会重新提出相同的要求并希望得到不同的答案，但你要坚持给出相同的回答。不过，他们很可能会继续提出同样的要求，但你也要坚持到底。

这种方法能够帮助你轻松地坚持自己的立场，无须给出过多的解释。它不需要太多的自制力和决心，这就是为什么我在第八章关于建立自信的内容中没有论及这一方法。但如果你有信心坚持下去，这个技巧是提升自信最有效的方法之一。

第13天：最难说的"不"

你可能此前一直都在练习对那些自己信任的人说"不"。在这个阶段，是时候尝试对令你害怕的人说"不"了。你已经积累了很多很好的经验，现在是时候将其付诸实践了。但要牢记，一定要提前做好准备，确保你能够清楚而自信地说出自己想说的话。

第14天：你已经做到了

第14天，你不需要做任何计划，也不需要背负任何责任。你十分努力并在短时间内取得了显著的成绩。第14天，你既可以完成一些目标，也可以一整天都穿着睡衣在家休息，或者如果你愿意的话，也可以和其他人一起制订一些计划。你可以去公园散步，体验一种解脱感和一种全新的生活方式。第14天，你也可以体验冥想和正念的好处。在这一天，你可以体会到完全不用生活在恐惧和焦虑中的感觉，你可以感受到自己的状态，欣赏新的自己，并计划下一步要成为什么样的人。

这一天，你需要回顾自己在过去13天里感受到的情绪，从而真正了解自己内心发生的改变。继而，你可以为自己制订出接下来两周、两个月或两年的计划。这样的做法能够让你明白，自己的目标需要着眼于自己需要的和应该得到的东西。

这个为期两周的成功说"不"的行动计划并非一成不变的。你可以根据自己的需求对其调整。你可能觉得自己应该先解决自己人际关系方面的问题，或者你可能想从第1天起就使用"三明治法"或"坏磁带法"。在你专注于实践该行动计划的14天内，或许并没有遇到上述的某些情况。但你依然需要花14天时间为你真正需要付诸实践的那一刻做好准备，同时在脑海中不断练习上述情境。跟随你的内心和直觉，使用那些你认为合适自己的方法。每个人的情况都不一样！

结语

祝贺你！现在你已经完全意识到自己讨好型人格的问题。你已经下定决心掌控自己的生活，让自己的生活变得更加快乐，你也在学习如何克服说"不"带来的内疚感，因为你意识到自己无法同时满足每个人的需求。

这是一个多么令人振奋的历程，不过一切都只是刚刚开始。虽然本书所讲的内容对你今后的生活都会有所帮助，但读完本书也并非一劳永逸，你还要不断学习，不断努力克服讨好型人格的问题。但你也会发现，随着你不断成长，自己的生活环境也会发生变化，改变讨好型人格也会成为你日常生活的一部分，成为一种像穿衣服或开车上班一样的习惯。你不会注意到自己在刻意地这么做，它会成为你自然而然的行为。

这时候，很多人就会问我：说"不"的终极技巧是什么。虽然答案并不唯一，但我经常会说要看当天的情况。你可能已经发现：有些方法似乎第一天有用，而第二天则效果不明显。改变讨好型人格是一项复杂的任务，对每个人来说过程都不尽相同。有些人较为坚定，而有一些人则需要花费更长的时间才能消除自己的内疚感。

制定目标对我来说意义重大，对我合作过的客户而言也大有裨益。制定目标不仅能够让你朝着自己的目标努力、专注于自己的目标，还能让你在遇到各种挫折的时候，激励自己继续前进。如果你的确很难对他人说"不"，便可以回过头来看看自己当初设定的目标，想想自己为什么要如此努力地做出这些改变。

我花了很长时间学习如何与他人交流，但太多的人认为这只是说说而已。我仔细研究了我的语言行为和非语言行为，尤其是我想使用的单词和短语。我强烈建议大家也这样做。我的一位客户也发现：当他站得更直，多与对方进行眼神交流时，对方给出的反应也会截然不同。我的另一位客户也很快地就感受到了说话时把第二人称"你"变成第一人称"我"所带来的效果，并且他在交流中不对对方进行任何指责，避免对方变得情绪化。

当询问客户他们认为哪种方法最有效时，绝大部分人都表示最有效的方法是不提到"不"这个字便能暗示出"不"的含义。诸如"我想要这么做，但我已经有别的安排了"之类的表述。这样的表述不会让你感受到必须果断地拒绝别人的压力，但在大多数情况下依然会达到你想要的结果。你也会因此腾出一些时间，把自己的需求放在首位。即使你无法做到对每个违背自己内心的要求都能够立即说"不"，也能让你逐渐对自己的生活掌握部分的控制权，缓解一些你的焦虑情绪，还能让你感受到说"不"带来的好处，激励你继续尝试其他的方法。

在有些情况下，最好的解决办法就是礼貌地说"不"。不用大发牢骚，也不用过分激动，简单地说一句"不，谢谢"。决定使用哪种方法很大程度上取决于你当时的感受，因此倾听对方以及理解对方试图想要表达的真实意图便显得尤为重要。尝试本书中列举的各种不同的方法，你会更加明确在不同的情况下采取哪种方法更有效。你也会因此信心倍增，并为在各种情况下说"不"做好准备。

写日记对每个人来说都是一种非常有效的方法。写日记不仅能够让你开始表达自己的感受，不必担心其他人嘲笑你或忽视你的情绪，还为你提供了一个设定目标的机会和一种记录自己的进步的方式。当有位客户说他想要随身携带自己的日记本时，我便想到了"口袋清单"这个想法。

找出一张白纸，在纸上抄写下面的九个指标。一定要手写完成，相比于打印而言，抄写所付出的额外的努力能够使你更为深刻地理解其中的含义，也更有意义。

（1）了解自己是谁，发现自己的特点。

（2）知道什么能让自己开心，对什么说"可以"，对什么说"不"。

（3）想出两三个不需要说出"不"这个字便能暗示"不"的含义的表述。

（4）每天学习一个表达自己感受的新词，并想象在以前经历过的情况中如何维护自己。

（5）冷静下来，呼吸，找到情绪的发泄口。

（6）确保能够坚定、清晰、切题、自信地表达自己想要传递的信息。

（7）牢记"三明治法"或"坏磁带法"。

（8）远离操纵者。

（9）告诉自己，你是一个很棒的人。

把自己的口头禅写在这张纸背面的顶端，再写出自己的三个短期目标和三个长期目标。再把这张纸折叠起来，随身携带。任何时候当你觉得自己不够专注，或者你的大脑需要切换到说"不"的模式时，可以回顾一下这张纸上的内容。

你应该为自己感到自豪。下定决心变得快乐而美好，不管别人是否喜欢你，即便这会是一个可怕的过程。你做出了一个会改变自己生活的决定，不仅是为了改善自己的生活，而且是为了过上更适合自己的生活。由此，你的人际关系会更有意义，你会有更多的时间享受生活，你的情感也会变得更坚强。

你现在需要做的就是继续努力。每天至少使用一次你从本书中学到的方法。你也要明白有时你会觉得很困难，或者你没有得到自己想要的回应，但你仍然能从中学到东西，依然可以继续朝着梦想努力。从这一刻起，你不再需要道歉或为自己辩解，也不会再被他人烦扰，更不会任人摆布。你将更自信地成长。

如果你喜欢这本书，我将不胜感激。我很高兴能和你一起踏上这段旅程，我相信这是你美好生活的开始。

推荐几本你可能会感兴趣的书

《如何停止过度思考》（*How to Stop Overthinking*）

该书介绍了控制和消除消极想法的七步计划，如何整理自己的思绪，在五分钟之内开始积极地思考。

你是否发现自己曾因无休止地担心白天发生的事情而彻夜难眠？你是否经常怀疑自己生活中的各项决策？你的工作、友谊或整个生活是否让你不知所措？

读完该书，你会更勇敢地应对自己的恐惧、焦虑和完美主义，不再过度思考。

在实践该书谈及的技巧和策略的过程中，你会明白为何自己的内心会出现杂念，以及如何应对这些杂念。

不要为自己白天的行为而过度担心，学会活在当下。不要再为明天而活，开始享受当下的美好。不要过度地为自己的未来担忧，活在当下就是你应该做出的最大的改变之一。

我们只需要对当下负责，所以既不要纠结于自己本应该在社交活动中做什么，也不要试图要求自己在下一次活动时该做

什么，而是学会过好当下。

你将了解：

- 如何控制过度思考并在几分钟内消除负面想法。

- 十个不再感到焦虑和担忧的有效策略。

- 如何在思绪万千的时候改善睡眠。

- 几个简单的培养自信和决策能力的方法。

- 如何消除人际关系带来的不良影响并改善自己的人际关系。

- 五种可以在五分钟之内缓解焦虑（担忧）的方法。

- 毫无改善时的故障排除指南。

- 如何整理自己的思绪并过上自己想要的生活。

读完该书，你会明白为什么自己当下的思维方式会给生活带来不利影响，以及如何改善你的态度，让你朝着自己想要的生活方向前进。

所以，不要停滞不前，不要再让你的思想束缚自己，掌控你想要的东西。积极摆脱现状，实现自己的目标。

《自信训练》（*Assertiveness Training*）

该书介绍了如何为自己挺身而出，增强信心，提高自信沟通的技巧。

不要再做老好人了——是时候让自己被看到、被听到，是时候获得你应得的东西了。

在过去的时光中，你是否常常无法为自己争取到自己真正想要的东西，只是被动地随波逐流？

你是否时常顾及别人的感受，过多地妥协退让，使自己觉得空虚且毫无成就感？

你是否觉得自己从记事起就一直穿着不合脚的鞋子走路，一直不敢问自己这个有价值且基本的问题：

"我自己想要什么？"

你的内心可能矛盾不安，想知道如何在不咄咄逼人或不被周围人讨厌的情况下表达自己真实的想法、需求和意见。

你的慷慨和善良的确是一把双刃剑——它们可能是你的弱点，但你也要意识到它们也是你令人钦佩的两大优点。

只有这样，你才能在生活中找到真正的平衡。

自信并不是让你变得咄咄逼人或不友好，而是让你在保持礼貌和善良的同时而不失自信和坚定。

　　真正的自信，源于内心巩固关系的渴望，绝非想要破坏自己的人际关系。而自信又是当代人稀缺而珍贵的品质。

　　仅仅是你愿意为之努力这一点，就足以彰显你作为人的不可否认的力量以及改变与进步的能力。

　　没有理由因为不适和恐惧半途而废，通过正确的训练，你一定会克服自身胆小的性格，为成为你一直渴望成为的自信的人做好准备。

　　你将了解：

- 如何发现自己哪些微小的行为阻碍了你的自我实现之路，以及如何开始把这些行为转变为积极和自我肯定的习惯。

- 一些经过科学验证的练习自我意识和情绪控制的方法，使你在经历一些常见的情绪挫折时依然能够成就自信的自我。

- 如何克服初次尝试变得自信时所产生的焦虑和恐惧。

- 在你训练自信的过程中，大量基于情境的要诀和技巧将引导你确切地知道自己该说什么和做什么，让他人知道不应该欺负你。

- 如何在职场中展现自己的自信，从而最终获得他人的赞赏和尊重。

- 如何在被动行为和咄咄逼人的行为之间找到适当的平衡，从而真正赢得他人的尊重，不被遗憾或恐惧影响。

- 一份循序渐进的行动计划，带你踏上改变之旅，通过与周围的人礼貌而友善地交往提升自信。

自信并不是一种天生的品质，而是一种在他人的正确指导和自身的坚持不懈下，任何人都可以获得的技能。

是时候让自己不再过"受气包"一样的生活。

你完全不用担心你的自信会给他人带来任何的痛苦。相反，你的自信会设定一条健康的界限。有了这条界限，你和周围的人便可以更坦诚、更自由地交流。

《心灵黑客的秘密》（*Mind Hacking Secrets*）

该书介绍了21种培养快速、清晰和批判性思维的神经科学方法，让你学会在两周内训练你的大脑更快、更清晰地思考。

你是否渴望拥有清晰的思维、清晰的头脑、组织能力以及更有效地回忆信息的能力？是否有一些时刻，你希望自己能学得更快、记住更多、更有效率？

你的大脑是一个神奇的工具，即使是科学家也会对此感到惊讶，但是……

问题是你的大脑并未按照你理想的方式思考。所以，你可能会纠结于一些微小的细节，容易分心，并因此而忘记你想记住的重要信息。

任何药物、手术等都无法激发出全新的思维方式。而你的大脑能够帮助你实现你希望在神经方面做出的所有改变。

该书介绍了一些切实可行的方法，帮助你实现想要的结果。

该书会成为你全面地提高自己思维方式的实用指南。该书旨在为你提供"操作方法"的基本知识，以便将自己所学的东西应用到生活中。

　　该书也会教你如何快速、清晰和批判性地思考，帮助你提高自己的注意力、推理能力、判断力、分析和做出某些选择的能力。此外，该书也能帮助你提高写作技巧和口语能力。

　　你也能从该书中了解到如何通过批判性思维、提高决策技能和解决问题的能力来保持清醒的头脑。当你练习应用本书中讲述的这些方法和实用技巧时，便能释放出自己最大的潜力。

　　你将了解：

● 如何提高工作效率并在更短的时间内完成更多工作。

● 21种培养快速、清晰和批判性思维的神经科学方法。

● 如何让你变得更敏锐、更聪明、更有承受力。

● 培养批判性思维和避免操纵策略的有效方法。

● 在两周内让思维变得更加敏捷的行动计划。

　　我们将为你提供改善你的思维方式的技能。对于任何想知道如何充分利用大脑实现自己的目标的人来说，该书值得阅读。

致敬读者的礼物

为了感谢读者购买本书，我在此送给读者一份礼物！

这份礼物包括：

- 开始说"不"的8个步骤。

- 消除内疚感的12件必做之事。

- 9种明智的拒绝方式。

我们不希望你因没有做好准备而毁了自己的心情。

请访问以下链接，查收说"不"清单：

www.chasehillbooks.com

如果你在下载清单时遇到任何困难，请发送邮件至chase@
chasehillbooks.com与我联系，我会尽快处理。

参考文献

1. Alpert, J. (2020, February 6). 7 Tips for Saying No Effectively. Retrieved from https://www.inc.com/jonathan-alpert/7-ways-to-say-no-to-someone-and-not-feel-bad-about-it.html.

2. Canter, L. (2019, June 3). The dangers of being a peoplepleaser. Retrieved from https://medicalxpress.com/news/ 2019-06-dangers-people-pleaser.html.

3. Heger, E. (2020, June 22). 7 benefits of meditation, and how it can affect your brain. Retrieved from https://www.insider. com/benefits-of-meditation.

4. HuffPost is now a part of Verizon Media. (n.d.). Retrieved from https://www.huffpost.com/entry/whos-business-areyou-in_b_7207938.

5. Hughes, L. (2017, March 2). How to Stop Feeling Anxious Right Now. Retrieved from https://www.webmd.com/ mental-health/features/ways-to-reduce-anxiety.

6. Ideas, I. (2014, December 10). Break your bad habits: Letting go of defense mechanisms. Retrieved from http:// www.infideas.com/break-bad-habits/.

7. Jong, K. (2019, December 19). The Art of Being Yourself: 5 Ways to Embrace Authenticity as Your Way of Life. Retrieved from https://katiedejong.com/authentically-you/.

8. Smith, A. (2019, December 17). 6 Steps to Discover Your True Self. Retrieved from https://www.success.com/6-stepsto-discover-your-true-self/.

9. Snape, H. (2019, August 27). Overcoming Fear of Rejection. Retrieved from https://www.helensnape.com/ peoplepleaserblog/2019/8/27/overcoming-fear-of-rejection.

10. Tartakovsky, M. (2018, July 8). 7 Tips for Setting Boundaries at Work. Retrieved from https://psychcentral.com/blog/7- tips-for-setting-boundaries-at-work/.

11. The Broken-Record Response in Communication. (n.d.). Retrieved from https://www.thoughtco.com/brokenrecord-response-conversation-1689041.

12. The seven Cs of Communication – Edexec.co.uk. (n.d.). Retrieved from https://edexec.co.uk/the-seven-cs-ofcommunication/.

13. https://positivepsychologyprogram.com/self-confidence-self-belief/.

14. https://www.mindtools.com/selfconf.html.

15. https://www.theladders.com/career-advice/the-8-most-effective-ways-to-get-back-on-track-after-you-messed-up-and-finally-stay-there.

16. YourCoach Gent. (2019) S.M.A.R.T. goal setting | SMART | Coaching tools | Yourcoach.be. Retrieved 24 April 2019, from https://www.yourcoach.be/en/coaching-tools/smart-goal-setting.php.

17. Michl, L. C., McLaughlin, K. A., Shepherd, K., & Nolen-Hoeksema, S. (2013). Rumination as a mechanism linking stressful life events to symptoms of depression and anxiety: Longitudinal evidence in early adolescents and adults. Retrieved from https://www.ncbi.nlm.nih.gov/ pmc/ articles/PMC4116082/.

18. Psychologist World. (n.d.) Psychology of choice. Retrieved from https://www.psychologistworld.com/cognitive/choice-theory#reference.